校企合作自动化类专业精品教材

互联网＋活页式理念新形态教材

智能视觉技术应用

主审　陈世清

主编　唐志航　黄　斌　傅明娣

教·学
资　源

航空工业出版社

北　京

内 容 提 要

本书根据教育部最新的职业教育教学改革要求，由高等职业院校骨干教师联合企业技术人员共同编写而成。全书包含绪论及四个项目，四个项目分别为智能视觉系统的硬件、数字图像处理技术、深度学习与卷积神经网络、智能视觉技术的应用。

本书结构编排合理，内容系统全面，语言通俗易懂，图文并茂、可读性强，可作为高等职业院校工业机器人技术专业、智能机器人技术专业及其他相关专业学生的教材。

图书在版编目（CIP）数据

智能视觉技术应用 / 唐志航，黄斌，傅明娣主编
. -- 北京 : 航空工业出版社，2024.1
ISBN 978-7-5165-3657-5

Ⅰ. ①智… Ⅱ. ①唐… ②黄… ③傅… Ⅲ. ①计算机视觉 Ⅳ. ①TP302.7

中国国家版本馆 CIP 数据核字(2024)第 028668 号

智能视觉技术应用
Zhineng Shijue Jishu Yingyong

航空工业出版社出版发行
（北京市朝阳区京顺路 5 号曙光大厦 C 座四层　100028）
发行电话：010-85672666　　010-85672683

北京市科星印刷有限责任公司印刷　　全国各地新华书店经售
2024 年 1 月第 1 版　　2024 年 1 月第 1 次印刷
开本：787×1092　1/16　　字数：283 千字
印张：12.25　　定价：45.80 元

前言 PREFACE

随着我国智能制造应用规模和发展水平的大幅跃升，智能视觉技术已成为新型工业化不可或缺的关键技术之一。当前，数字化、智能化正在改变着我国制造的面貌，智能制造产业项目正加快建设步伐，智能工厂、无人车间不断涌现，智能视觉技术人才的需求呈井喷式增长。

为了适应我国制造业高质量发展的新形势，满足职业教育改革的新要求，促进广大高等职业院校对新时代高素质技能型人才的培养，我们精心编写了本书。

本书具有以下特色。

1．立德树人，润物无声

本书积极贯彻党的二十大精神，将知识传授、能力培养、人才成长与理想信念、价值理念、道德观念的教育有机结合。例如，本书在每个项目的开头明确了“素质目标”，并在相关知识部分设置了“砥节砺行”“行业资讯”等模块，使学生深入了解我国前沿科技的发展态势，领会精益求精、争创一流、艰苦奋斗、严于律己、攻坚克难的时代精神，增强创新意识、质量意识，激发进取精神、协作精神和爱国热情，从而树立正确的世界观、人生观、价值观。

2．校企合作，工学结合

在编写本书的过程中，编者咨询了多位智能视觉技术专家和一线工作人员，充分考虑了智能视觉技术应用相关岗位对从业人员的知识要求、技能要求和素质要求，力求使职业教育与岗位需求有机结合。

3．活页理念，素质培养

为落实教育部有关文件精神，切实满足职业教育的要求，本书采用“活页式教材”理念编写，坚持以实践应用为主线，在向学生传授理论知识的同时，还着力锻炼学生解决问题的能力，培养学生的职业规划意识。本书兼顾理论教育、技能教育与素质教育，旨在培养德才兼备的综合性人才。

4. 任务驱动，理实一体

本书根据实际内容划分为多个项目，每个项目又包含多个任务，每个任务以任务引入→任务工单→相关知识→实践操作的结构安排内容。

任务引入：以与本任务内容相关的实例等引出实际工作任务，以激发学生的学习兴趣，让学生对相关知识有一个初步的认识。

任务工单：配套设计于每个任务中，体现“做中学，学中做”的教学思想。任务工单可辅助学生制订实施方案，记录自己在任务实施过程中的实施内容及完成情况，有助于培养学生自主学习的意识和能力。

相关知识：以“必需、够用”为原则，侧重介绍智能视觉系统的硬件、相应的数字图像处理技术及其应用等内容。

实践操作：以工作岗位所需的知识和技能为出发点来设置，注重培养学生的实践能力。

5. 成果检验，过程考核

本书以目标为导向，将“实践”“巩固”“评价”等环节有机地贯穿于每个项目，以强化教学成果，加强过程考核。

首先，在每个项目的开头明确了本项目所要达成的知识目标、技能目标和素质目标。

其次，在每个任务中设置了“实践操作”，通过具体案例培养学生解决实际问题的能力。

再次，在每个项目中设置了“学习成果检验”，通过填空题、选择题和简答题等形式对学生进行考核，让学生查漏补缺，巩固所学知识。

最后，在每个项目的末尾设置了“学习成果评价”，可从知识、技能、素养三个方面对学生进行综合评价，以检验学生的学习成果。

6. 栏目丰富，增趣添彩

本书在讲解知识的过程中，穿插有“知识拓展”“头脑风暴”“举一反三”“经验传承”“提示”等丰富多样的模块，以帮助学生理解和应用相关知识，拓宽学生视野，增加本书的趣味性；在关键节点处还设置了随堂笔记，以引导学生在理论学习和实践过程中记录相关经验和感想，巩固学习成果。

7. 平台支撑，资源丰富

本书将“互联网＋”思想融入教材。读者可借助手机或其他移动设备扫描二维码观看微课视频，也可登录文旌综合教育平台“文旌课堂”查看和下载本书配套资源，如优质课件、教案、习题答案等。

此外，本书还提供了在线题库，支持“教学作业，一键发布”，指导教师只需要通过微信或“文旌课堂”App扫描扉页二维码，即可迅速选题、一键发布、智能批改，并查看学生的作业分析报告，提高教学效率、提升教学体验。学生可在线完成作业，巩固所学知识，提高学习效率。

本书由陈世清担任主审，唐志航、黄斌、傅明娣担任主编，刘宝擘、夏丙英、马红艳、易磊、杨怀斌、晏芙蓉担任副主编。由于编者水平有限，书中难免存在疏漏或不当之处，敬请广大读者批评指正。

特别说明：

（1）本书在编写过程中，参考了大量的资料并引用了部分文章和图片等。在此，向这些文献资料的作者表示衷心的感谢！这些引用的资料大部分已获原作者授权，但由于部分资料来自网络，我们未能确认出处，也暂时无法联系到原作者。对此，我们深表歉意，并欢迎原作者随时与我们联系，我们将按规定支付酬劳。

（2）本书没有注明资料来源的案例均为编者根据真实事件改编。

本书配套资源下载网址和联系方式

网址：https://www.wenjingketang.com
电话：4001179835
邮箱：book@wenjingketang.com

目录

CONTENTS

绪 论

0.1 智能视觉技术的概念

智能视觉技术是指用机器代替人眼对外部环境进行视觉感知，并通过计算机视觉技术对图像和视频进行分析、识别、分类、跟踪等处理，从而对视觉信息进行智能化处理和应用的技术。它是人工智能技术的重要分支。

0.1.1 人类视觉感知

人类视觉感知是指人类通过眼睛对外界环境进行感知。它是人类最主要的感知方式之一，可帮助人类识别和区分不同物体的颜色、形状、大小等特征。

扫码学习

人类视觉感知与计算机视觉技术相比，到底谁更厉害

人的眼睛有着接收和解析物象信息的能力，可形成视觉，以辨认物体的外貌、物体所处的空间（距离）及物体在外形和空间上的变化。人的大脑将眼睛接收到的物象信息划分成色彩、形状、空间、动态四类数据。有了这些数据，人类就可辨认物体，并做出适当的反应。

0.1.2 计算机视觉技术

计算机视觉技术是指利用计算机对图像和视频进行处理和分析的技术。计算机视觉技术的核心是图像处理和模式识别。

（1）图像处理是指对图像进行数字化、增强、压缩、分割、滤波等处理，以便于后续的分析和识别。

（2）模式识别是指对图像进行特征提取和分类，以便对不同物体的颜色、形状、大小等特征进行识别和分类。

计算机视觉技术的发展可追溯到 20 世纪 60 年代，当时科学家主要通过数字化技术将图像转换为数字信号，然后对这些数字信号进行处理和分析。随着计算机技术的不断发展，

计算机视觉技术也得到了迅速的发展和广泛的应用，目前已成为一门独立的学科。计算机视觉技术的发展，为智能视觉技术的应用奠定了基础。

0.1.3 智能视觉技术

智能视觉技术是基于计算机视觉技术发展起来的、用于代替或辅助人类视觉感知的技术。它是数字图像处理技术、机械工程技术、控制技术、光源照明技术、光学成像技术、传感器技术、模拟与数字视频技术、计算机技术、人机接口技术等在人工智能方面的综合应用。智能视觉技术主要包括物体成像和图像处理两部分内容，前者依靠智能视觉系统的硬件部分实现，后者则在前者基础上通过视觉控制系统实现。

头脑风暴

想一想，智能视觉技术与计算机视觉技术在原理上有什么异同？

0.1.4 人工智能技术

人工智能技术是指通过计算机模拟人类智能，实现对信息智能化处理和应用的技术。人工智能技术包括机器学习、深度学习、自然语言处理、图像识别、语音识别等方面的内容。智能视觉技术的应用，离不开人工智能技术的支持和发展。随着人工智能技术的不断发展和进步，智能视觉技术的应用前景将会更加广阔。

0.2 智能视觉技术的特点

智能视觉技术相较于人类视觉感知，在生产效率、成本控制、观测精度、工作环境等方面都有很大优势。特别是在一些不适合人工作业的危险工作环境（如焊接、火药制造等）中，采用人类视觉感知可能会对使用者的人身安全造成威胁，而智能视觉技术则从某种程度上有效地规避了这种风险。人类视觉感知与智能视觉技术的对比如表 0-1 所示。

表 0-1　人类视觉感知与智能视觉技术的对比

视觉类别	人类视觉感知	智能视觉技术
精确性	差，灰度分辨率为 64 级，且不能分辨微小目标	强，灰度分辨率为 256 级甚至更高，可观测微米级目标
观测速度	慢，无法看清快速运动的目标	快，快门时间可达微秒级
适应性	弱，对很多环境无法适应	强，可适应各种恶劣/特殊环境
客观性	低，数据信息无法量化	高，数据信息可量化

表 0-1（续）

可持续性	弱，易疲劳	强，可持续工作
可靠性	弱，易受外界环境影响	好，检测结果稳定可靠
效率	低	高
成本	持续性投入，随着人工成本的上涨而不断上升	一次性投入，后期包含较低的计算成本、存储成本、设备维护成本等
信息集成便捷性	差，不容易信息集成	好，容易信息集成

0.3　智能视觉技术的应用

相较于传统检测技术，智能视觉技术具有快速、准确、可靠、智能化等优点。这对提高产品的一致性和产品生产的安全性，降低工人的劳动强度，以及实现企业的高效、安全、自动化管理具有不可替代的作用。智能视觉技术广泛应用于定位、识别、检测、测量、分拣等场合，用来保证产品质量、控制生产流程、提高生产效率。

扫码学习

智能视觉技术在汽车智能制造领域的应用

0.3.1　定位

在工业生产中，智能视觉技术广泛应用于流水线上静态或动态目标的定位，可满足不同形状和光照条件下的视觉定位需求。利用智能视觉技术进行目标定位，能够快速、准确地确定被测目标的位置，并生成被测目标的二维或三维坐标。在此基础上进行路径规划，通过机械臂或其他执行机构对目标进行精确操作，即可完成规定的任务，如产品装配、自动焊接等，如图 0-1 所示。

（a）产品装配　　（b）自动焊接

图 0-1　智能视觉定位

0.3.2 识别

利用智能视觉技术进行目标识别，主要是指通过定位独特的图案或形状对物体进行识别，包括对二维码、条形码、标签的识别和对不同形态字符的识别等，如图 0-2 所示。智能视觉系统可根据字符串中包含的数据信息，对物体进行描述、辨认、分类和解释。例如，智能视觉系统可用于检测包装上的字符标签是否印在正确的位置，还可用于检查标签上的文本信息和图像信息是否正确，极大地提高了现代化生产效率。

（a）

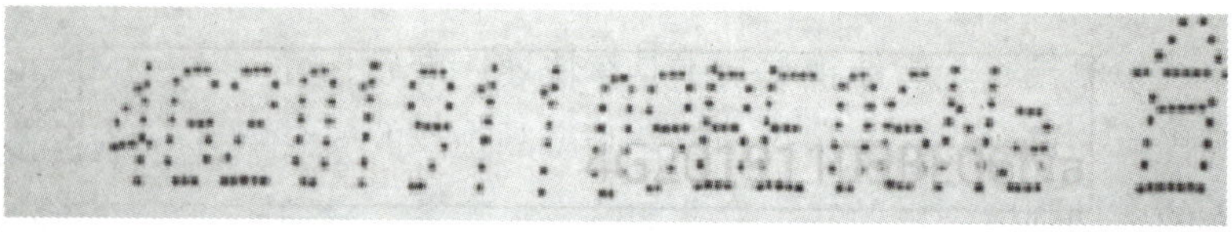

（b）

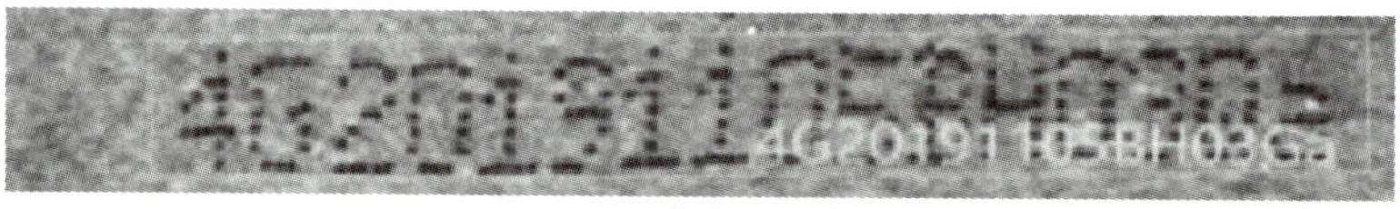

（c）

图 0-2　智能视觉识别

知识拓展

人脸识别技术（见图 0-3）也是智能视觉技术的典型应用之一。人脸识别相较于指纹识别、虹膜识别等传统的生物识别方式，具有非接触性、非侵扰性、硬件基础完善、采集快捷便利等优势。

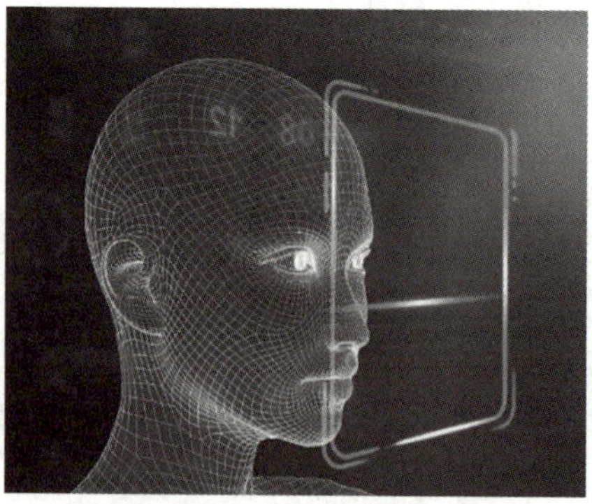

图 0-3　人脸识别技术

扫码学习

人脸识别技术

《麻省理工科技评论》发布的“2017 年全球十大突破性技术”榜单，来自我国的“刷脸支付”位列其中，这是该榜单创建 16 年来上榜的首个来自我国的突破性技术。“刷脸支付”是人脸识别技术在金融领域的典型应用。此外，人脸识别技术还广泛应用于司法、军队、公安、边检、政府、航天、电力、工厂、教育、医疗等领域。未来，人脸识别技术将应用于人类工作、学习、娱乐的各种场景。

0.3.3 检测

在工业生产中，连续、大批量的自动化生产涉及各种各样的检测，检测体系的性能在一定程度上影响着产品的品质和性能。智能视觉系统可采用非接触动态检测，布置灵活，检测精度和速度都较高。同一套智能视觉系统可实现对不同产品的多参数检测，为企业节约了大量成本。智能视觉检测主要包括工件表面划痕检测、工件表面油污检测等内容，如图 0-4 所示。

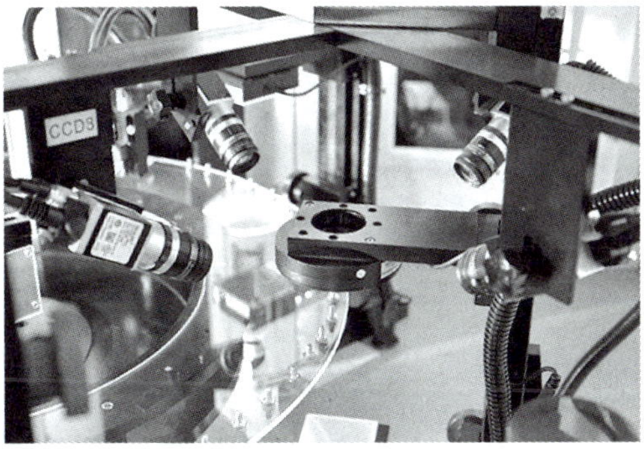

（a）工件表面划痕检测

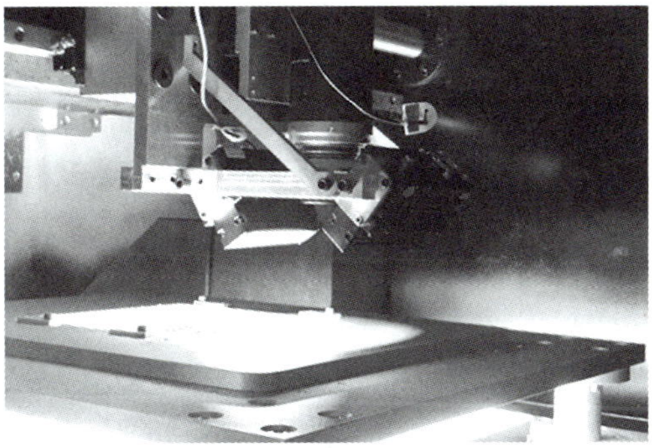

（b）工件表面油污检测

图 0-4 智能视觉检测

智能视觉系统不仅能完成常规空间几何形状、形体相对位置、表面颜色等的检测，在配置超声波、激光、X 射线等探测装置后，还能进行物体内部缺陷探伤、物体表面涂层厚度检测等作业。

0.3.4 测量

以尺寸测量为例，传统的尺寸测量多采用游标卡尺或千分尺针对被测物体上的某个参数进行多次测量，然后取平均值。这种测量方法具有简便、成本低等优点，但不适用于工业自动化生产。

扫码学习

智能视觉技术在尺寸测量方面的优势

智能视觉测量具有精度高、实时性好、灵活性好、效率高等优点，能够自动测量产品的外观尺寸，如产品的外形轮廓、孔径、高度、面积等。这种测量方法有效地解决了传统尺寸测量精度低、检测速度慢、测量数据无法得到及时处理等问题。智能视觉测量主要包括零件尺寸测量、芯片管脚测量等，如图 0-5 所示。

（a）零件尺寸测量

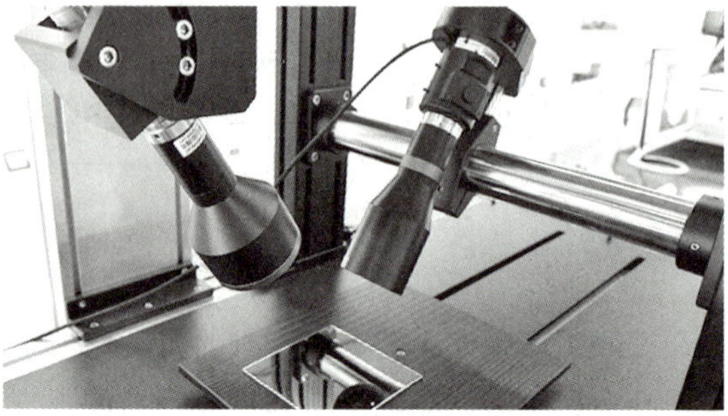

（b）芯片管脚测量

图 0-5　智能视觉测量

笔记

0.3.5　分拣

分拣是在产品识别、检测之后的一个环节，人工分拣无法满足大规模分类的要求，智能视觉分拣便应运而生。智能视觉分拣利用智能视觉技术进行产品图像读取、图像分析识别，最终实现产品分拣，使分拣作业实现了智能化、现代化、自动化。智能视觉分拣主要包括物流分拣、零件表面瑕疵自动分拣等内容，如图 0-6 所示。

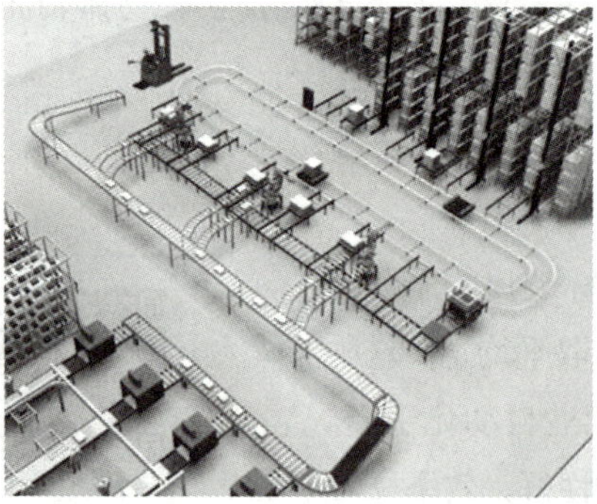

（a）物流分拣

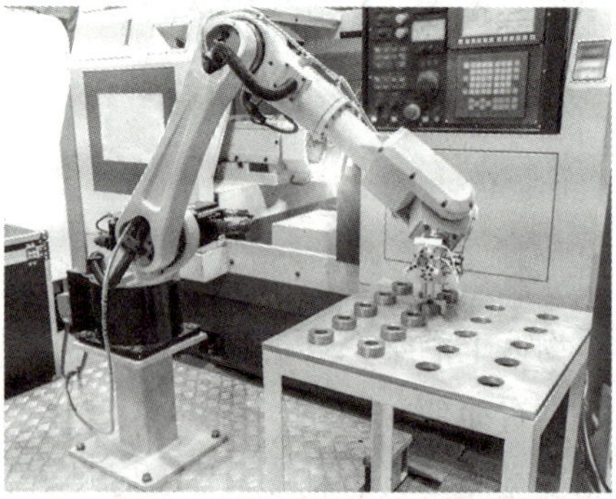

（b）零件表面瑕疵自动分拣

图 0-6　智能视觉分拣

头脑风暴

想一想，在生产、生活中还有哪些方面应用了智能视觉技术？

0.4 智能视觉系统的组成

智能视觉系统主要由图像采集单元、图像处理单元及控制单元组成，如图 0-7 所示。该系统主要涉及对目标对象的图像获取技术、对图像信息的处理技术，以及对目标对象的定位、识别、检测、测量等技术。

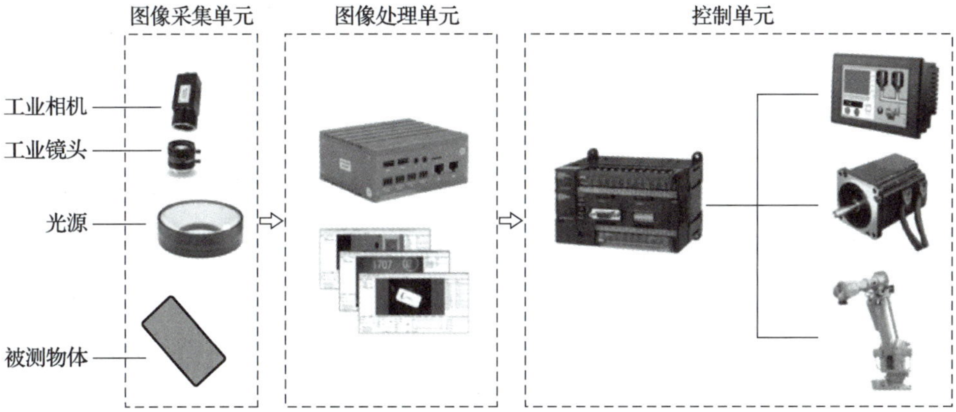

图 0-7 智能视觉系统的组成

图像采集单元用于获取被测目标对象的图像信息，并将图像信息传送给图像处理单元；图像处理单元用于对图像的灰度分布、亮度、颜色等信息进行各种运算处理，从中提取出目标对象的相关特征，根据特征进行判定，并将判定结论提供给控制单元；控制单元根据判定结论控制现场设备及结构，从而实现对目标对象的相关操作。

0.4.1 图像采集单元

图像采集单元一般由工业相机、工业镜头、光源等组成。

1. 工业相机

工业相机是一种将影像转换为数字信号或模拟信号的工具。相较于普通相机，工业相机具有较高的图像稳定性、传输能力及抗干扰能力。在选用工业相机时，需要考虑产品的检测精度、检测速度等技术参数，以及产品的质量、价格等因素。

2. 工业镜头

工业镜头可将目标成像在工业相机图像传感器的光敏面上，其质量直接影响着智能视觉系统的整体性能。合理地选择和安装工业镜头是设计智能视觉系统的重要环节。

3. 光源

光源作为辅助成像设备，对图像的质量起着关键作用。在智能视觉系统中，合适的光源可显现出被测物体的重要特征，消除非感兴趣区，从而保证图像的质量。在工业生产中，光源主要有各种形状的 LED（light emitting diode, 发光二极管）灯、荧光灯、卤素灯等。

提　示

在图像处理过程中，人们通常用方框、圆、椭圆、不规则多边形等在图像上勾勒出需要处理的区域，该区域称为感兴趣区（region of interest, ROI）。感兴趣区之外的区域即非感兴趣区。智能视觉软件通常使用各种算子或函数来求得感兴趣区。

0.4.2 图像处理单元

图像处理单元主要通过相应的智能视觉软件对输入的图像进行数据处理，并通过一定的算法获得结论，该结论可以是 pass/fail（通过/失败）信号、坐标位置、字符串等形式。

目前，常用的国外智能视觉软件有 NI Vision Assistant、HALCON、VisionPro 等。NI Vision Assistant 包含 NI Vision Builder 和 IMAQ Vision 两个组件。其中，NI Vision Builder 无须编程就可快速完成视觉应用模型的建立；IMAQ Vision 是一个包含各种图像处理函数的功能库，为系统提供了完整的开发功能。HALCON 应用范围较广，且不限制图像采集设备，具有强大的三维视觉处理功能，操作简单、扩展性好。VisionPro 可实现对几何对象的定位、识别、测量及对准，可重复使用工具组和用户定义工具，缩短了开发时间。

国内的智能视觉软件发展较晚，目前常用的智能视觉软件有 SciVision、VisionWARE、VisionBank 等。其中，SciVision 定制化开发应用能力较强，在 3C（计算机、通信、消费电子 3 类电子产品的简称）行业优势较大，能快速地完成检测。VisionWARE 广泛应用于半导体、太阳能电池、印刷等行业。VisionBank 具有智能、简单、高效等特点，适用于目标定位、尺寸测量、缺陷检测、字符识别等场合。

0.4.3 控制单元

智能视觉系统利用智能视觉软件完成图像分析后，就需要和外部单元进行连接，以完成对生产过程的控制。简单的控制可直接利用部分图像采集卡自带的 I/O（input/output, 输入/输出）接口来完成；而相对复杂的控制则必须依靠可编程的逻辑控制单元或运动控制单元，来控制机器人等设备，以实现必要的控制动作。

项目 1 智能视觉系统的硬件

项目导读

智能视觉系统硬件的技术性能直接影响着图像的质量和传输速率，也间接影响着软件的运行效率。智能视觉系统的硬件主要包括工业相机、工业镜头及光源等。

本项目主要介绍工业相机、工业镜头及光源的分类、参数及选择方法。通过本项目的学习，学生应对智能视觉系统的硬件有一定的了解，并在今后的实际应用中能够正确选用工业相机、工业镜头及光源。

项目目标

【知识目标】

- 了解工业相机的分类及参数。
- 了解工业镜头的分类及参数。
- 了解光源的分类及参数。

【技能目标】

- 能合理选择工业相机。
- 能合理选择工业镜头。
- 能合理选择光源。

【素质目标】

- 养成脚踏实地、好学上进、拼搏创新、科学严谨的工作作风。
- 践行服务集体、服从纪律、团结协作、顾全大局的团队精神。

任务 1.1 认识工业相机

任务引入

近年来，我国人工智能技术不断提升，应用落地速度逐渐加快，各领域与人工智能技术的融合不断深入。在此背景下，我国工业相机技术快速发展，工业相机行业迎来了新的发展机遇。

市面上的工业相机大多是基于 CCD 或 CMOS 图像传感器制成的，一般安装在流水线上，广泛应用于生产监控、测量和质量控制等场合。工业相机常工作于高温、高湿、多粉尘等复杂环境中，且需要长时间、连续性工作，因此应比普通相机更加坚固耐用。

本任务要求学生从工业相机的分类、参数、选择等方面认识工业相机，知识与技能要求如表 1-1 所示。

表 1-1 知识与技能要求

任务内容	认识工业相机	学习程度		
		识记	理解	应用
学习任务	工业相机概述	●		
	工业相机的分类		●	
	工业相机的参数		●	
	工业相机的选择		●	
实训任务	选择工业相机			●
自我勉励				

任务工单——选择工业相机

1. 任务描述

学生根据指导教师提出的任务要求并结合实际情况，在了解工业相机的分类和参数的基础上，选择工业相机的型号。

2. 学生分组

学生以3～5人为一组进行分组，各小组选出组长并进行任务分工，将小组概况及分工情况填入表1-2中。

表1-2 小组概况及分工情况

<table>
<tr><td>班级</td><td></td><td>组号</td><td></td><td>指导教师</td><td></td></tr>
<tr><td>小组成员</td><td>姓名</td><td>学号</td><td colspan="3">任务分工</td></tr>
<tr><td>组长</td><td></td><td></td><td colspan="3"></td></tr>
<tr><td rowspan="4">组员</td><td></td><td></td><td colspan="3"></td></tr>
<tr><td></td><td></td><td colspan="3"></td></tr>
<tr><td></td><td></td><td colspan="3"></td></tr>
<tr><td></td><td></td><td colspan="3"></td></tr>
</table>

3. 知识准备

引导问题1：工业相机的类型有哪些？

引导问题2：CCD相机和CMOS相机各有什么优缺点？

引导问题 3：工业相机的参数主要有哪些？

引导问题 4：在选择工业相机时，需要注意哪些问题？

4. 工具和器材准备

各小组查阅相关资料，制订工作规划，并将任务实施过程中所需的工具和器材填入表 1-3 中。

表 1-3 工具和器材清单

序号	名称	型号与规格	单位	数量	备注

5. 制订方案

（1）各小组针对工作规划展开讨论，制订实施方案。

（2）指导教师对各小组的实施方案进行评价。

（3）各小组根据指导教师的评价对实施方案进行调整。

（4）调整合格后的实施方案即最终实施方案。

6. 任务实施

各小组按照最终实施方案，合理地选择工业相机的型号，将实施内容及完成情况填入表 1-4 中，并进行任务总结。

表 1-4　实施内容及完成情况

实施内容	完成情况

表 1-4（续）

任务总结

7. 考核评价

指导教师根据学生的任务完成情况对学生进行评价，学生配合指导教师共同完成如表 1-5 所示的任务考核评价表。

表 1-5　任务考核评价表

<table>
<tr><th rowspan="2">项目名称</th><th rowspan="2">评价内容</th><th rowspan="2">总分/分</th><th colspan="3">评分/分</th></tr>
<tr><th>自评</th><th>互评</th><th>师评</th></tr>
<tr><td rowspan="6">职业素养考核项目（40%）</td><td>无迟到、无早退、无旷课</td><td>6</td><td></td><td></td><td></td></tr>
<tr><td>仪容仪表符合规范要求</td><td>6</td><td></td><td></td><td></td></tr>
<tr><td>具备较强的安全意识与责任意识</td><td>10</td><td></td><td></td><td></td></tr>
<tr><td>具备良好的团队合作与交流能力</td><td>6</td><td></td><td></td><td></td></tr>
<tr><td>具备较强的纪律执行力</td><td>6</td><td></td><td></td><td></td></tr>
<tr><td>保持作业现场卫生</td><td>6</td><td></td><td></td><td></td></tr>
<tr><td rowspan="4">专业能力考核项目（60%）</td><td>查找专业知识及时、准确</td><td>12</td><td></td><td></td><td></td></tr>
<tr><td>制订方案合理</td><td>18</td><td></td><td></td><td></td></tr>
<tr><td>操作熟练，工作效率高</td><td>12</td><td></td><td></td><td></td></tr>
<tr><td>正确选择工业相机的型号</td><td>18</td><td></td><td></td><td></td></tr>
<tr><td colspan="2">合计</td><td>100</td><td></td><td></td><td></td></tr>
<tr><td rowspan="2">总评</td><td rowspan="2">自评（20%）＋互评（20%）＋师评（60%）=_____</td><td>综合等级</td><td colspan="3" rowspan="2">指导教师(签名)：__________</td></tr>
<tr><td></td></tr>
</table>

1.1.1　工业相机概述

工业相机是智能视觉系统的关键部件，主要负责将接收到的光信号转换为电信号并进行输出，其性能直接影响了系统所获得图像的质量。工业相机主要由相机芯片（图像传感器）、驱动与控制电路、传输接口、光学接口等组成，如图 1-1 所示。

扫码学习

工业相机与普通相机究竟哪里不同

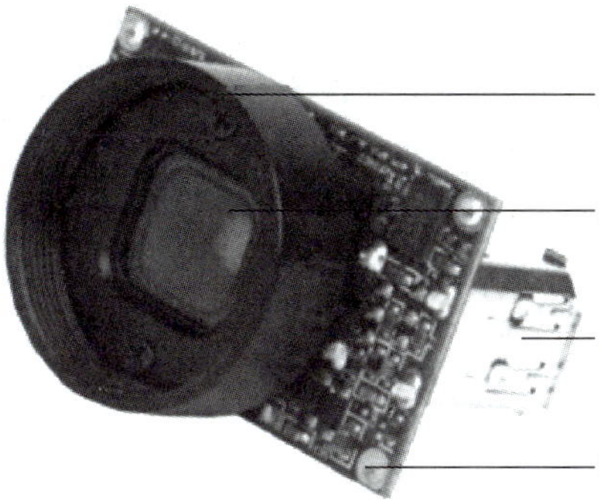

图 1-1　工业相机的组成

1.1.2　工业相机的分类

工业相机根据选择维度与模块构成的不同，有诸多分类方式，常见的分类方式如下。

1. 按输出信号格式分类

工业相机按输出信号格式的不同，可分为模拟相机和数字相机两种。

模拟相机输出的是模拟信号，需要配置专业的图像采集卡将模拟信号转换为可供计算机处理的数字信号。模拟相机通用性好、成本较低，但采集速度慢，在图像传输中容易受到噪声干扰，从而导致图像质量下降。因此，模拟相机多用于对图像质量要求不高的智能视觉系统中。

数字相机输出的是数字信号，其内部集成了模数转换器，可将模拟信号转换为数字信号。数字相机抗干扰能力强、分辨率高、视频信号格式多样、视频输出接口丰富，但所获得的图像缺乏层次感，后期维修成本较高。因此，数字相机大多用于非标准的、逐行的、较复杂的智能视觉系统中。

2. 按图像传感器像素排列方式分类

工业相机按图像传感器像素排列方式的不同，可分为面阵相机和线阵相机两种。

面阵相机是一种可一次性获取图像并能及时进行图像采集的工业相机，其应用范围比较广，可用于面积、形状、尺寸、位置甚至温度等的测量。面阵相机可直接观测图像，并快速、准确地获取二维图像信息。

线阵相机是一种特殊的工业相机，只有一行感光元素，可对单行图像进行处理，或者对多行组成的一帧图像进行处理。线阵相机常用于需要连续检测或需要高精度扫描数据的场合，如印刷品、布匹等的检测。

3. 按图像传感器类型分类

工业相机按图像传感器类型的不同，可分为 CCD（charge coupled device, 电荷耦合器件）相机和 CMOS（complementary metal oxide semiconductor, 互补金属氧化物半导体器件）相机两种。

CCD 图像传感器的构造类似于一个网络，每个像素都与一个电容相连，记录下来的光信号会被转换为电信号并逐行输出。CCD 相机具有较高的光灵敏度和对比度，所获得的图像也比 CMOS 相机的更清晰、更细腻；但成本较高，信息读取方式复杂，不能直接访问单个像素单元。CCD 相机广泛应用于屏幕检测、智慧交通、远程医疗等高端领域。

CMOS 图像传感器的构造类似于一个由众多微型图像传感器构成的阵列，每个像素都对应一个转换电路，记录下来的光信号会被转换为电信号并逐个输出。CMOS 相机体积小、功耗低、成本低，可直接读取阵列中的电信号并同时处理各像素的图像信息，信息读取速度是 CCD 相机的 10 倍以上，且具有更快的数据传输速率；但光灵敏度较低，噪声较大。CMOS 相机广泛应用于安防监控、自动驾驶等领域。

CCD 相机和 CMOS 相机的工作原理如图 1-2 所示。

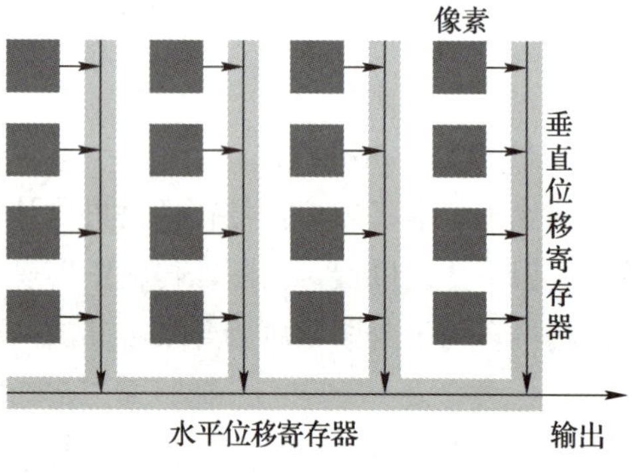

（a）CCD 相机

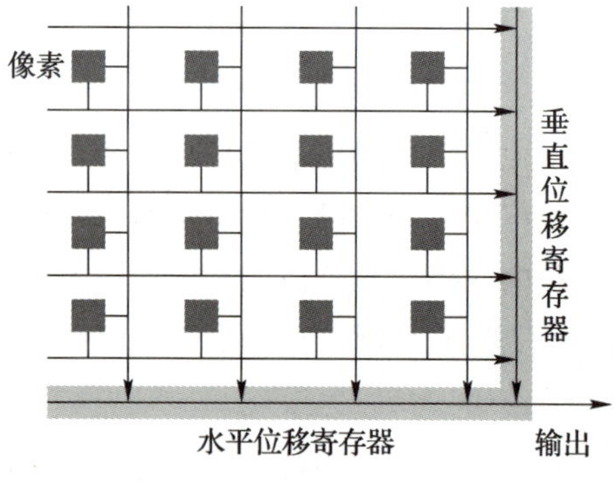

（b）CMOS 相机

图 1-2　CCD 相机和 CMOS 相机的工作原理

经验传承

CCD 和 CMOS 都是用来采集图像的感光器件。在分辨率相同的情况下，CCD 相机的成像效果要比 CMOS 相机的好，但 CCD 相机价格昂贵。因此，在成像效果要求不太高的情况下，可选择 CMOS 相机。在某些领域，CMOS 相机凭借高性价比、低功耗等优势，已逐渐替代 CCD 相机。

4. 按成像色彩分类

工业相机按成像色彩的不同，可分为黑白相机和彩色相机两种。其中，彩色相机又可分为 3CCD 彩色相机、单 CCD 彩色相机等。

黑白相机可直接将光信号转换为灰度值，输出的是灰度图像信息。而彩色相机可获取图像中红、绿、蓝 3 个分量的光信号，输出的是彩色图像信息。黑白相机和彩色相机的成像原理如图 1-3 所示。

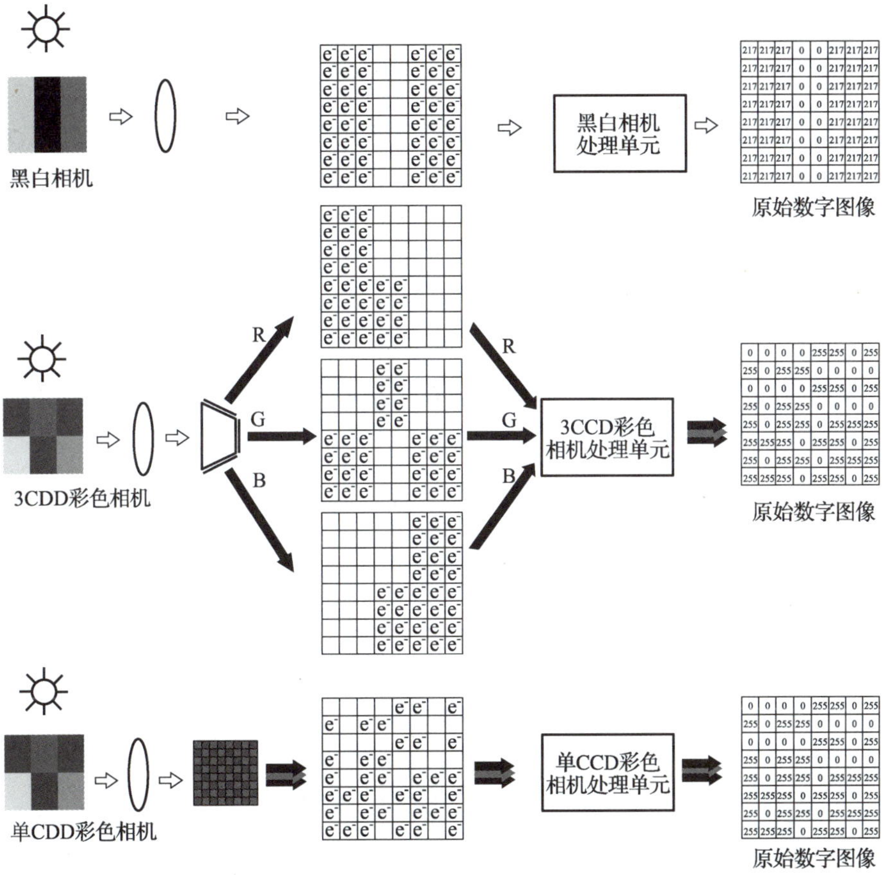

图 1-3　黑白相机和彩色相机的成像原理

在工业应用中，对于需要检测颜色信息的场合，如细胞外部形态检测、彩色印刷品质量检测等场合，应选用彩色相机；对于不需要检测颜色信息的场合，如文字识别、尺寸测量等场合，通常选用黑白相机。这是由于黑白相机更高效，且在分辨率相同的情况下，黑白相机的精度要比彩色相机的高。

1.1.3　工业相机的参数

工业相机的参数主要有分辨率、像素尺寸、传感器尺寸、帧率、像素深度、光谱响应特性、曝光方式、快门时间等，这些参数直接决定了工业相机所采集图像的质量。

1．分辨率

分辨率用来描述工业相机对被拍摄物的分辨能力。工业相机的分辨率越高，所采集的图像也就越清晰。一般情况下，面阵相机的分辨率就是其感光芯片的像素个数，如面阵相机的分辨率为1920×1080，则表示其感光芯片横向有 1 920 像素，纵向有 1 080 像素，共有约 200 万像素。对于线阵相机，分辨率就是传感器水平方向上的像素数，常见的有 2k、4k、8k、16k 等。

2．像素尺寸

像素尺寸是指单个像素的面积。单个像素的面积越小，单位面积内的像素数就越多，工业相机的分辨率也就越高。工业相机的像素尺寸一般为 1.4～14 μm。

3．传感器尺寸

传感器尺寸又称靶面尺寸，是指图像传感器的感光面积，一般用图像传感器感光区域对角线的长度来表示，单位为 in（英寸）。传感器尺寸越大，图像传感器的感光面积就越大，感光性能就越好，信噪比也就越高。常见的传感器尺寸如图 1-4 所示。分辨率和像素尺寸共同决定了工业相机的传感器尺寸。

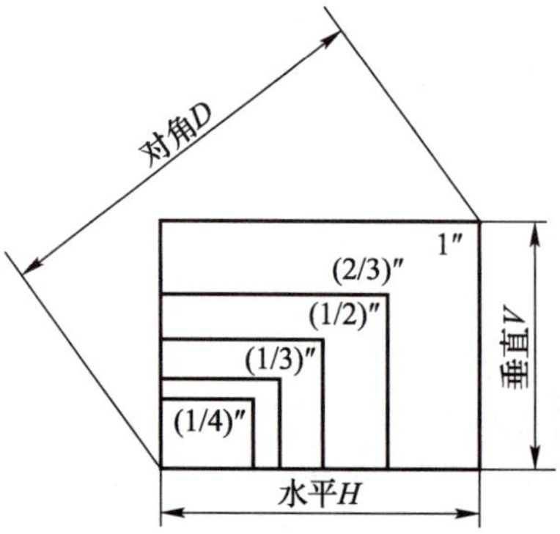

图 1-4　常见的传感器尺寸

提　示

信噪比是指信号功率与噪声功率的比值，单位为 dB（分贝）。信噪比越高，图像传感器的性能就越好。

4．帧率

帧率是指工业相机处理、传输图像信息的速率，即每秒采集图像的帧数，单位为 f/s。工业相机采集、处理图像信息的时间越短，帧率越高，采集的画面就会越流畅；反之，采集的画面就会产生停顿、跳跃现象。帧率并不是越高越好，手机录制视频的帧率大多为 30 f/s，电视机显示画面的帧率为 50 f/s 或 60 f/s，高速摄影机的帧率一般大于 240 f/s。

5. 像素深度

像素深度是指存储每个像素数据所需要的位数，用于反映工业相机的测量精度，也可用于反映工业相机的分辨率。像素深度决定了彩色图像每个像素所包含的颜色值，或者灰度图像每个像素点所包含的灰度值。像素深度一般是 8 位，输出的图像灰度等级为 256 级，即 0～255 共 256 级。

扫码学习

什么是像素深度

6. 光谱响应特性

光谱响应特性是指图像传感器对不同光波的敏感特性。例如，一些工业相机在图像传感器和工业镜头之间加装了滤镜，用来滤除红外光线，这些工业相机只响应可见光。人们一般用光谱响应曲线（见图 1-5）描述工业相机的光谱响应特性，工业相机的光谱响应范围一般为 350～1 000 nm。在光谱响应曲线中，横轴表示波长，单位为 nm；纵轴表示响应能力，其值为光谱响应范围与入射光谱范围的比值。

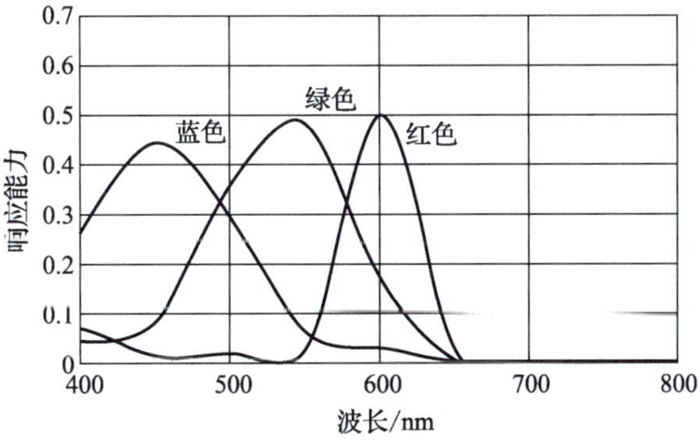

图 1-5　光谱响应曲线

7. 曝光方式

工业相机常用的曝光方式有帧曝光和行曝光两种。

帧曝光又称全局快门，是指图像传感器阵列中所有像素同时曝光。帧曝光用于 CCD 相机和部分 CMOS 相机。采用这种曝光方式的工业相机适合拍摄运动的物体，所拍摄的图像不会发生偏移。

行曝光又称卷帘快门，是指同一行上的像素同时曝光，不同行的曝光起始时间不同，但每行的曝光时间是相同的。行曝光用于 CMOS 相机，所有的曝光动作都在极短的时间内完成。采用这种曝光方式的工业相机适合拍摄静止的物体，若拍摄运动的物体，则所拍摄的图像将会发生偏移。

对于需要高速拍摄的场合，为了防止图像变形，应使用帧曝光式 CMOS 相机。对于不需要高速拍摄或对图像没有特殊要求的场合，可使用行曝光式 CMOS 相机，因为与帧曝光式 CMOS 相机相比，行曝光式 CMOS 相机技术难度小、分辨率高、成本低。

8. 快门时间

快门时间是指快门从打开到关闭所用的时间，单位为 s，它决定了图像传感器曝光时间的长短。光线条件较差时应适当延长曝光时间，光线条件较好时则可适当缩短曝光时间。

1.1.4 工业相机的选择

工业相机类型及参数的选择不仅直接决定了所采集图像的图像质量等，还与智能视觉系统的整体性能直接相关。工业相机的选择流程如图 1-6 所示。

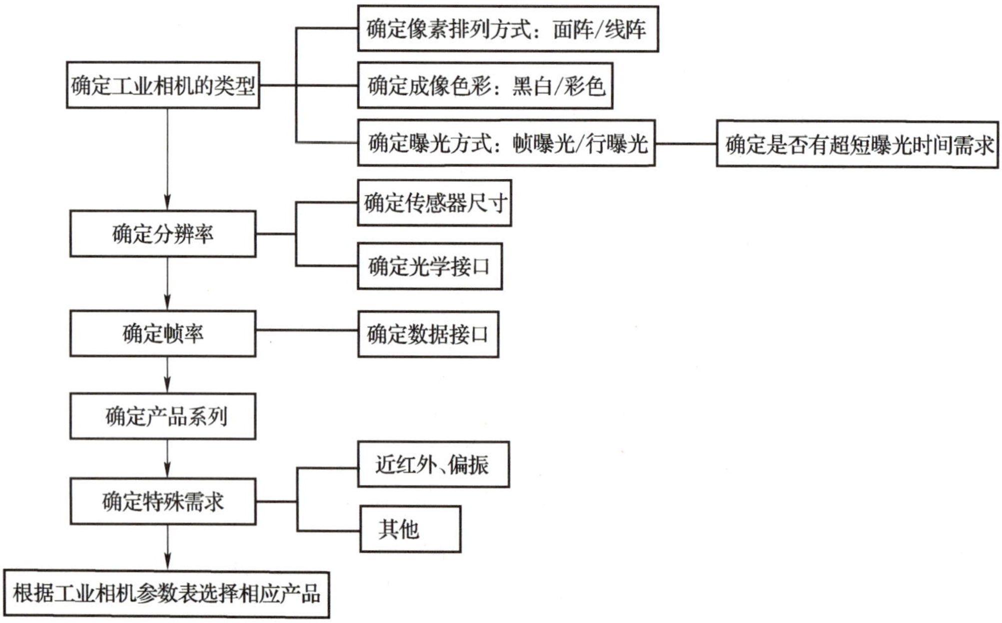

图 1-6　工业相机的选择流程

选择工业相机的方法如下。

首先，应根据视野范围及检测方式（动态检测或静态检测），确定工业相机的类型及曝光时间。对于运动的物体，曝光时间越短，所获取的图像就越精确，但曝光时间过短会提高图像传感器对光照强度（简称照度）的要求。因此，要选择合适的曝光时间。

然后，根据精度需求确定工业相机的分辨率，从而确定工业相机的帧率。若需要检测物体的运动轨迹，则需要尽可能地选取高帧率的工业相机，以保证物体的运动轨迹清晰。

最后，根据其他特性及是否有特殊需求，并结合其他参数及成本，选择合适的工业相机。

知识拓展

目前，国内市场上使用较多的工业相机为大恒图像水星相机、宝世纳 ace2 相机和视觉龙 VDC 相机，如图 1-7 所示。

大恒图像水星相机可靠性高、安装与使用方便，并提供了多种不同分辨率和帧率的工业相机型号，广泛应用于工业检测、医疗、科研、教育、安防等领域；宝世纳 ace2 相机经济实惠、型号较多，是一种广泛应用于工业图像处理的工业相机；视觉龙 VDC 相机可通过编程设置增益、曝光时间、白平衡等参数，广泛应用于新能源、激光加工等领域。

（a）大恒图像水星相机　（b）宝世纳 ace2 相机　（c）视觉龙 VDC 相机

图 1-7　国内市场上使用较多的工业相机

笔记

实践操作——选择工业相机

1．实施概况

某公司现对匀速流水线彩色布匹进行缺陷检测，其实际横向视野为 400 mm，客户要求检测精度为 0.2 mm。已知流水线的运行速度恒为 1.5 m/s，客户无其他特殊需求。现根据上述条件选择合适的工业相机。

2．实施步骤

1）确定工业相机的类型

根据图 1-6 所示的选择流程，确定工业相机的类型，具体如表 1-6 所示。

表 1-6 确定工业相机的类型

影响因素	选型依据	工业相机类型
像素排列方式	用于连续检测流水线上传送的布匹	□ 面阵相机 ☑ 线阵相机
成像色彩	检测对象为彩色布匹	□ 黑白相机 ☑ 彩色相机
曝光方式	线阵相机不用区分帧曝光和行曝光	□ 帧曝光 □ 行曝光 ☑ 不做区分

2）确定分辨率

在实际检测中，需要采用双倍分辨率来保证检测质量，则单像素精度（单位像素所代表的实际视野）应为 0.1 mm。此时，所需工业相机的最低横向分辨率为

$$400\ \text{mm} \div 0.1\ \text{mm} = 4\,000$$

3）确定帧率

因流水线的运行速度恒为 1.5 m/s，则帧率为

$$1.5 \times 10^3 \div 0.1 = 15\,000\ \text{f/s}$$

4）确定产品系列

由上述条件可知，可选用 Camera Link 系列线阵相机。在该系列相机中，可选择 4k 以太网接口相机 MV-CL042-90GC、4k Camera Link 接口相机 MV-CL042-90GC、8k Camera Link 接口相机 MV-CL086-90CC。

5）其他因素

结合工业相机的其他参数及成本，可确定选择 4k 以太网接口的彩色线阵相机，型号为 MV-CL042-90GC。该相机采用 Gpixel 4k 彩色线阵 CMOS 图像传感器，分辨率为 4 096×2，像素尺寸为 7 μm，无损压缩后帧率可达 29 000 f/s。此外，还需要搭配 12 pin 电源线，12 V、2 A 电源适配器，以及千兆网线。

举一反三

现有检测区域视野为 16 mm×12 mm，单像素精度为 0.005 mm，被测物体为中速流水线传送的产品。客户要求检测区域内的方块面上无脏污、无色彩，需要在 1 s 内拍 10 张图片。请给出符合要求的工业相机选择方案。

任务 1.2　认识工业镜头

任务引入

工业镜头是一种高分辨率的光学镜头，是智能视觉系统中不可缺少的一部分。工业镜头采用了超低失真设计，增强了图像的对比度，提高了图像的清晰度，更加真实地还原了图像。

工业镜头常与工业相机作为一个整体应用于智能视觉系统中。例如，工业镜头与CCD相机连接为一体，它们首先将远距离目标物体成像在工业相机的CCD图像传感器上，再将光学系统所形成的光学图像转换为视频或数字信号并输出。这种工业镜头与CCD相机组合的整体广泛应用于工业安全监控、高精度测量等领域。

本任务要求学生从工业镜头的分类、参数、选择等方面认识工业镜头，知识与技能要求如表1-7所示。

表1-7　知识与技能要求

任务内容	认识工业镜头	学习程度		
		识记	理解	应用
学习任务	工业镜头概述	●		
	工业镜头的分类		●	
	工业镜头的参数		●	
	工业镜头的选择		●	
实训任务	选择工业镜头			●
自我勉励				

任务工单——选择工业镜头

1. 任务描述

学生根据指导教师提出的任务要求并结合实际情况，在了解工业镜头的分类和参数的基础上，选择工业镜头的型号。

2. 学生分组

学生以3～5人为一组进行分组，各小组选出组长并进行任务分工，将小组概况及分工情况填入表1-8中。

表1-8　小组概况及分工情况

班级		组号		指导教师	
小组成员	姓名	学号	任务分工		
组长					
组员					

3. 知识准备

引导问题1：工业镜头的类型有哪些？

引导问题2：工业镜头的参数主要有哪些？

引导问题 3：焦距和工业镜头的其他参数有什么联系？

引导问题 4：在选择工业镜头时，需要注意哪些事项？

4. 工具和器材准备

各小组查阅相关资料，制订工作规划，并将任务实施过程中所需的工具和器材填入表 1-9 中。

表 1-9 工具和器材清单

序号	名称	型号与规格	单位	数量	备注

5. 制订方案

（1）各小组针对工作规划展开讨论，制订实施方案。

（2）指导教师对各小组的实施方案进行评价。

（3）各小组根据指导教师的评价对实施方案进行调整。

（4）调整合格后的实施方案即最终实施方案。

6. 任务实施

各小组按照最终实施方案，合理地选择工业镜头的型号，将实施内容及完成情况填入表 1-10 中，并进行任务总结。

表 1-10　实施内容及完成情况

实施内容	完成情况

表 1-10（续）

任务总结

7. 考核评价

指导教师根据学生的任务完成情况对学生进行评价，学生配合指导教师共同完成如表 1-11 所示的任务考核评价表。

表 1-11　任务考核评价表

项目名称	评价内容	总分/分	评分/分		
			自评	互评	师评
职业素养考核项目（40%）	无迟到、无早退、无旷课	6			
	仪容仪表符合规范要求	6			
	具备较强的安全意识与责任意识	10			
	具备良好的团队合作与交流能力	6			
	具备较强的纪律执行力	6			
	保持作业现场卫生	6			
专业能力考核项目（60%）	查找专业知识及时、准确	12			
	制订方案合理	18			
	操作熟练，工作效率高	12			
	正确选择工业镜头的型号	18			
合计		100			
总评	自评（20%）+互评（20%）+师评（60%）=_____	综合等级	指导教师（签名）：__________		

1.2.1　工业镜头概述

工业镜头（见图 1-8）是智能视觉系统的重要光学器件，其主要功能是捕捉目标物体的图像，并将光线聚焦到图像传感器上，以获取目标物体的图像细节，从而生成锐利的图像。工业镜头的质量决定了智能视觉系统的成像质量，直接影响了智能视觉系统的整体性能。由于工业镜头具有多种光学校正方式，可有效降低畸变率，因此适用于工厂自动化、智能视觉、图像处理等对画质要求较高的场合。

图 1-8　工业镜头

1.2.2　工业镜头的分类

1. 按焦距能否调节分类

工业镜头按其焦距能否调节，可分为定焦镜头和变焦镜头两种。

定焦镜头（见图 1-9）的焦距是固定的，常用的规格有 8 mm、12 mm、16 mm、25 mm、35 mm、50 mm、75 mm 等。定焦镜头所获得的图像质量较好、视野较大，可通过聚焦环对不同距离的物体进行成像，还可通过光圈控制进光量，是目前智能视觉领域应用较广泛的镜头。定焦镜头仅有一个固定的焦距，因此只能通过移动拍摄位置来改变画面的视角。

图 1-9　定焦镜头

变焦镜头（见图 1-10）的焦距有一定的变化范围，常用的规格有 3.5～8 mm、12～36 mm 等。变焦镜头的焦距可调整，拍摄时可根据对焦距离伸长或缩短焦距，因此在改变画面视角时不需要来回移动拍摄位置。但变焦镜头的最大光圈通常偏小，其背景虚化效果不如定焦镜头的好。

图 1-10　变焦镜头

2. 按接口类型分类

工业镜头按接口类型的不同，可分为 C 接口、CS 接口、F 接口、特殊型接口等。不同的接口类型如图 1-11 所示。C 接口和 CS 接口是工业镜头中最常用的接口，适用于物镜焦距小于 25 mm 且物镜直径不大的场合；F 接口是通用型接口，适用于物镜焦距大于 25 mm 的场合。一般情况下，CS 接口的工业相机可与 C 接口和 CS 接口的工业镜头连接使用，但在连接 C 接口的工业镜头时需要加一个 5 mm 的接圈；而 C 接口的工业相机不能用 CS 接口的工业镜头。

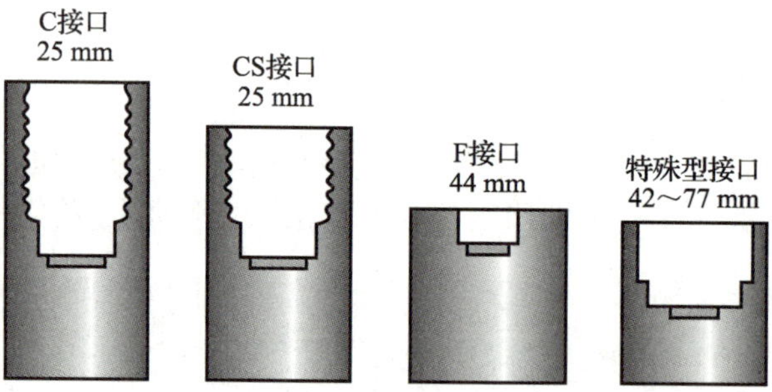

图 1-11　不同的接口类型

知识拓展

工业镜头的接口类型除常用的 C 接口、CS 接口、F 接口外，还包含 V 接口、T2 接口、徕卡接口、M42 接口、M50 接口等特殊型接口。其中，F 接口是尼康镜头的标准接口，又称尼康接口，一般用于传感器尺寸大于 1 in 的工业相机及其对应的工业镜头中；

V 接口是施耐德镜头的标准接口，一般用于传感器尺寸较大或具有特殊用途的工业相机及其对应的工业镜头中。

3．按成像特点分类

工业镜头按成像特点的不同，可分为远心镜头和普通镜头两种。远心镜头与普通镜头的成像特点对比如图 1-12 所示。

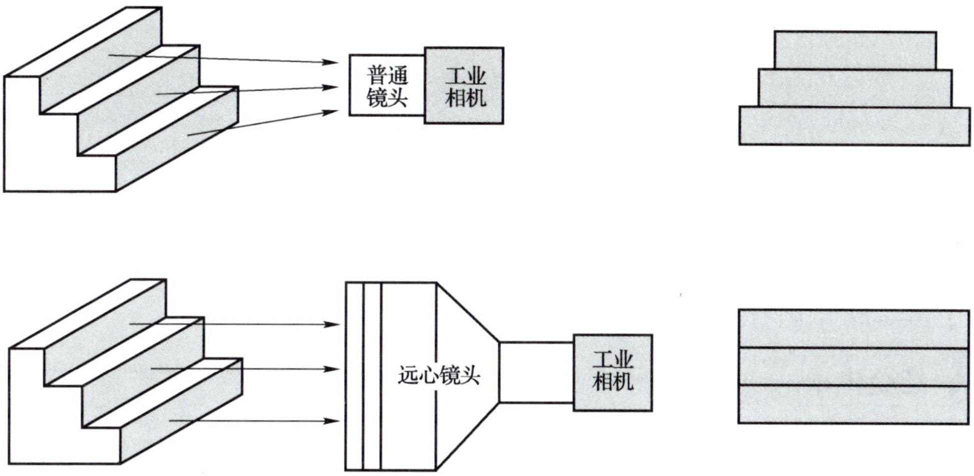

图 1-12　远心镜头与普通镜头的成像特点对比

远心镜头主要是为纠正普通镜头的视差而特别设计的镜头。在一定的物距范围内，利用远心镜头得到的图像，其放大倍率不随物距的变化而变化。因此，远心镜头适用于被测物体不在同一物面上的场合。此外，远心镜头具有较低的远心度、超大的景深、恒定的放大倍率、零畸变和超高的解析力，因此还可用于高精度尺寸测量。

1.2.3　工业镜头的参数

工业镜头的参数主要有工作距离、放大倍率、焦距、光圈、景深、畸变、分辨率、对比度、视场角等，这些参数直接决定了工业镜头的成像质量。

1．工作距离

工作距离是指工业镜头最前端到被测物体表面的距离，用 WD 表示。通常情况下，普通镜头的工作距离是一个范围，但远心镜头的工作距离是固定不变的。

2．放大倍率

放大倍率是指物体先经物镜放大再经目镜放大后，人眼所看到的最终图像大小与原物体大小的比值，一般用 β 表示。放大倍率的计算原理如图 1-13 所示。

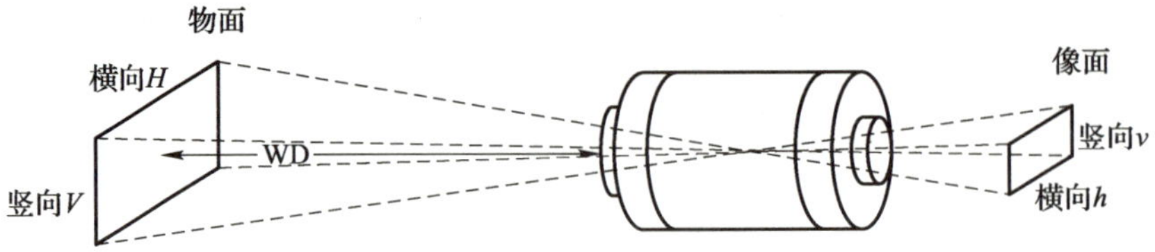

图 1-13　放大倍率的计算原理

由图 1-13 可知，放大倍率为

$$\beta = \frac{h}{H} = \frac{v}{V} \tag{1-1}$$

式中：

h ——像方水平尺寸；

H ——物方水平尺寸；

v ——像方垂直尺寸；

V ——物方垂直尺寸。

经验传承

若工业镜头和工业相机一起使用，则此时的像方尺寸就是工业相机的传感器尺寸。

3．焦距

焦距是指当入射光为平行光时从透镜中心到光聚集焦点的距离，又称焦长，用 f 表示，如图 1-14 所示。焦距是用来衡量光的聚集或发散程度的参数。焦距长短与所成图像的大小成正比：焦距越长，所成图像越大；焦距越短，所成图像越小。

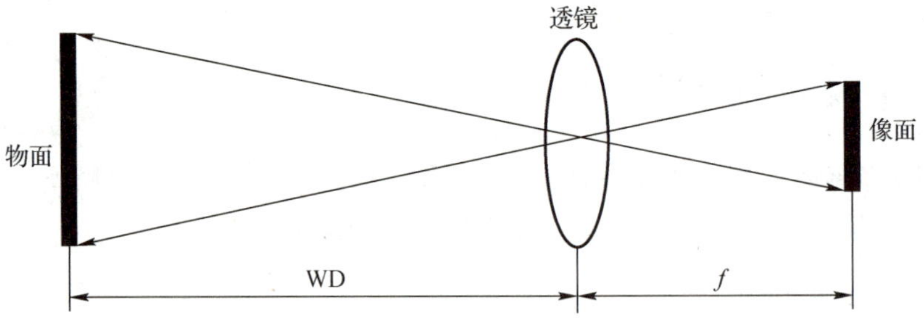

图 1-14　焦距

由图 1-14 可知，工业镜头的焦距、工作距离、物方尺寸、像方尺寸之间有一定的联系，即

$$\beta = \frac{h}{H} = \frac{v}{V} = \frac{f}{\text{WD}} \tag{1-2}$$

因此，工业镜头的焦距可表示为

$$f = \mathrm{WD} \times \frac{h}{H} = \mathrm{WD} \times \frac{v}{V} \tag{1-3}$$

笔记

4. 光圈

光圈是指用来控制光线透过工业镜头的总体光通量、景深及所成图像对比度的孔径。光圈的大小通常用工业镜头的相对孔径表示，记为 1∶X，其中 X 为焦距与有效孔径的比值。相对孔径的倒数称为 F 数，用作光圈标记。光圈标记的标准系列有 F2.8、F4、……、F22 等，如图 1-15 所示。F 数越小，光圈就越大，工业镜头的光通量就越大，所获取的画面也就越亮；反之，则所获取的画面越暗。

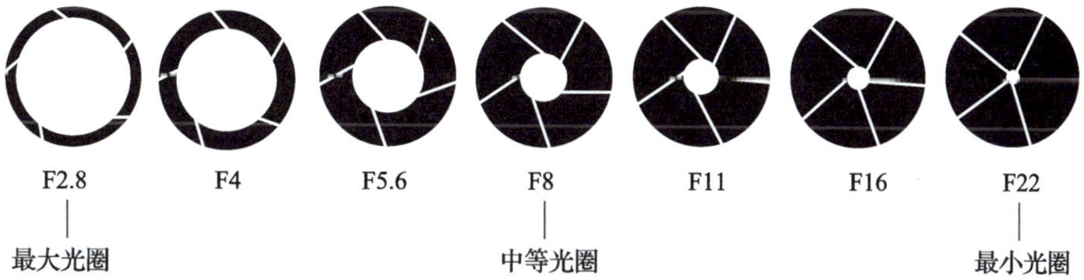

图 1-15　光圈标记的标准系列

5. 景深

景深是指物体距离其可清晰聚焦图像的最远点与最近点之间的距离，用 DOF 表示，如图 1-16 所示。其中，能够获得清晰图像的最近物平面称为近景平面，它与对准平面之间的距离称为前景深，用 DOF_1 表示；获得清晰图像的最远物平面称为远景平面，它与对准平面之间的距离称为后景深，用 DOF_2 表示。一般情况下，工业镜头的前景深要小于后景深，而景深为前景深与后景深之和。景深与光圈、分辨率成反比，景深越大，对应的光圈就越小，分辨率也就越低；反之，景深越小，对应的光圈就越大，分辨率也就越高。

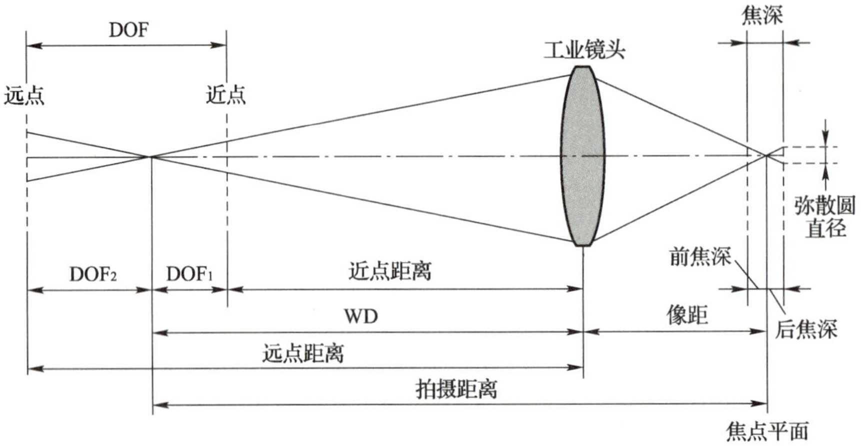

图 1-16　景深

6. 畸变

畸变是指工业镜头对物体所成的像相对于物体本身而言的失真程度，是一种单色光学像差，其值为实际像高与理想像高之差。在实际应用中，畸变常用畸变率来表示，即实际像高与理想像高之差占理想像高的百分比。畸变按图像变形方式的不同，可分为桶形畸变和枕形畸变两种，如图 1-17 所示。桶形畸变的对角线向内缩短，畸变值为负，在短焦镜头成像时较为常见；枕形畸变的对角线向外延长，畸变值为正，在长焦镜头成像时较为常见。

扫码学习

畸变小百科

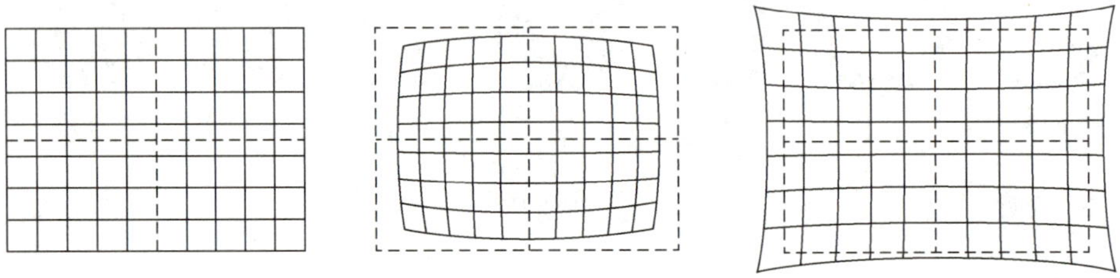

（a）正常物体　（b）桶形畸变　（c）枕形畸变

图 1-17　畸变

7. 分辨率

分辨率是指在所成的图像平面上 1 mm 间距内能分辨出的黑白相间的线条对数，又称分辨力，单位为 lp/mm（线对每毫米）。

8. 对比度

对比度是指一幅图像中明暗区域的反差程度。若图像的对比度发生变化，则图像整体的明暗程度也会随之改变。若对比度增强，则画面中亮的地方会更亮，暗的地方会更暗，明暗反差增强。对比度增强前后的图像如图 1-18 所示。

（a）对比度增强前　　（b）对比度增强后

图 1-18　对比度增强前后的图像

9. 视场角

视场角是指在成像过程中，工业相机可接收影像的角度范围，用 FOV 表示。视场角与焦距成反比，视场角越小，焦距就越长，视野也就越小，此时工业相机能拍摄较远的物体；视场角越大，焦距就越短，视野也就越大，此时工业相机无法清晰地拍摄较远的物体。视场角与焦距之间的关系如图 1-19 所示。

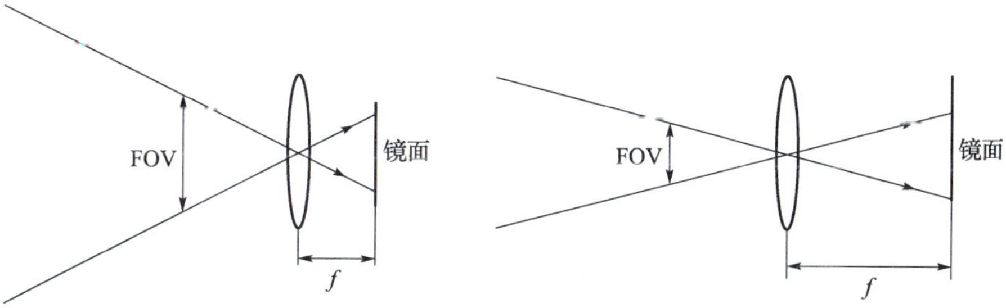

（a）短焦距　　（b）长焦距

图 1-19　视场角与焦距之间的关系

1.2.4　工业镜头的选择

工业镜头的选择对智能视觉系统尤为重要，在选择时需要综合考虑工作距离、视野范围，以及工业镜头的类型、焦距、视场角及景深等因素，具体方法如下。

首先，根据被测物体的尺寸或数量，确定视野范围、工作距离、分辨率。

然后，根据实际需要选择工业镜头的类型。对于一般的检测或平面内的尺寸测量，需要选择普通镜头；对于非平面内的尺寸测量，则需要选择远心镜头；没有变焦要求时，常选择定焦镜头。

接着，根据视野范围、工作距离、工业相机传感器尺寸等参数，计算得到工业镜头的焦距；根据视野范围、工作距离，计算得到视场角的大小；根据实际需求选择合适的景深。

最后，根据是否有其他特殊需求，结合工业镜头的其他参数，选择合适的工业镜头。

笔记

实践操作——选择工业镜头

1. 实施概况

已知待测物体尺寸为16.0 mm×13.8 mm，检测物距不大于160 mm，特征尺寸为0.2 mm×0.2 mm，客户端算法要求被测特征需要在所成的图像中占用2个以上的像素，以便提高检测效率。现根据上述条件选择合适的工业镜头。

2. 实施步骤

1）确定分辨率

若每个特征占用单个像素，则分辨率最小为

$$分辨率=\frac{16}{0.02}\times\frac{13.8}{0.02}=800\times690$$

在实际检测中，为保证系统的稳定性，特征尺寸按照3个像素评估，此时工业相机的分辨率为2 400×2 070。可选择500万像素的工业相机MV-CA050-10GM，其分辨率为2 448×2 048，像素尺寸为3.45 μm，传感器尺寸为8.45 mm×7.07 mm。

2）确定焦距

根据水平视野及传感器水平尺寸计算放大倍率，则

$$\beta_{H}=\frac{8.45\ \text{mm}}{16\ \text{mm}}=0.53 \tag{1-4}$$

根据垂直视野及传感器垂直尺寸计算放大倍率，则

$$\beta_{V}=\frac{7.07\ \text{mm}}{13.8\ \text{mm}}=0.51 \tag{1-5}$$

则系统的放大倍率为

$$\beta = \beta_V = 0.51 \tag{1-6}$$

此时，工业镜头的焦距为 50.6 mm。

3）确定工业镜头的类型

根据传感器尺寸为 8.45 mm×7.07 mm、放大倍率为 0.51、工作距离小于 160 mm 等条件，并综合考虑其他因素，如工业镜头的焦距、工作温度、工作波长、尺寸等因素，最终可选择使用远心镜头 MVL-MBT-0.5-65。

远心镜头 MVL-MBT-0.5-65 的工作距离为 65 mm，固定放大倍率为 0.5，分辨率为 160 lp/mm，适用于工业相机 MV-CA050-10GM。

笔记

举一反三

现有待测量的手机电池（见图 1-20），已知工作距离小于 600 mm，工业相机传感器尺寸为 1/2.5 in（5.70 mm×4.28 mm），手机电池尺寸为 50 mm×60 mm，无其他特殊要求。请给出符合要求的工业镜头选择方案。

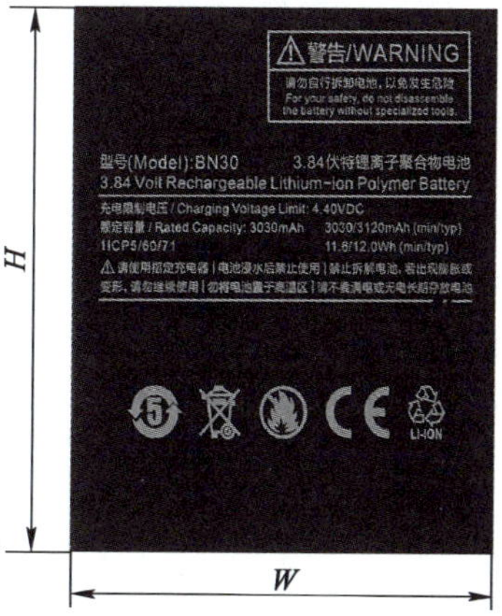

图 1-20　待测量的手机电池

任务 1.3 认识光源

任务引入

光源是智能视觉系统的重要组成部分，其主要作用是获得高品质、高对比度的图像。在智能视觉系统中，合适的光源可形成有利于图像处理的成像环境，简化智能视觉系统的结构，降低图像处理的难度。

光源的种类众多，各种形状的 LED 灯等光源都得到了广泛运用，但目前尚未有通用的智能视觉照明设备。因此，在实际应用中，需要针对每个特定的案例，设计合适的照明装置，以达到图像处理的最佳效果。例如，在检测镜面、光泽面，或者对光泽差异进行辨别时，常选用 LED 光源中的同轴光源，这种光源具有较高的对比度。

本任务要求学生从光源的分类、参数、选择等方面认识光源，知识与技能要求如表 1-12 所示。

表 1-12 知识与技能要求

任务内容	认识光源	学习程度		
		识记	理解	应用
学习任务	光源概述	●		
	光源的分类		●	
	光源的参数		●	
	光源的选择		●	
实训任务	选择光源			●
自我勉励				

任务工单——选择光源

1. 任务描述

学生根据指导教师提出的任务要求并结合实际情况，在了解光源的分类和参数的基础上，选择光源的型号。

2. 学生分组

学生以 3～5 人为一组进行分组，各小组选出组长并进行任务分工，将小组概况及分工情况填入表 1-13 中。

表 1-13　小组概况及分工情况

班级		组号		指导教师	
小组成员	姓名	学号	任务分工		
组长					
组员					

3. 知识准备

引导问题 1：常见的光源类型有哪些？

引导问题 2：环形光源和条形光源分别应用于哪些领域？

引导问题 3：高压钠灯、白炽灯、卤素灯的色温各是多少？

引导问题 4：在选择光源时，需要注意哪些问题？

4. 工具和器材准备

各小组查阅相关资料，制订工作规划，并将任务实施过程中所需的工具和器材填入表 1-14 中。

表 1-14 工具和器材清单

序号	名称	型号与规格	单位	数量	备注

5. 制订方案

（1）各小组针对工作规划展开讨论，制订实施方案。

（2）指导教师对各小组的实施方案进行评价。

（3）各小组根据指导教师的评价对实施方案进行调整。

（4）调整合格后的实施方案即最终实施方案。

6. 任务实施

各小组按照最终实施方案，合理地选择光源的型号，将实施内容及完成情况填入表 1-15 中，并进行任务总结。

表 1-15 实施内容及完成情况

实施内容	完成情况

表 1-15（续）

任务总结

7. 考核评价

指导教师根据学生的任务完成情况对学生进行评价，学生配合指导教师共同完成如表 1-16 所示的任务考核评价表。

表 1-16　任务考核评价表

项目名称	评价内容		总分/分	评分/分		
				自评	互评	师评
职业素养考核项目（40%）	无迟到、无早退、无旷课		6			
	仪容仪表符合规范要求		6			
	具备较强的安全意识与责任意识		10			
	具备良好的团队合作与交流能力		6			
	具备较强的纪律执行力		6			
	保持作业现场卫生		6			
专业能力考核项目（60%）	查找专业知识及时、准确		12			
	制订方案合理		18			
	操作熟练，工作效率高		12			
	正确选择光源的型号		18			
合计			100			
总评	自评（20%）+互评（20%）+师评（60%）=_____	综合等级	指导教师(签名)：__________			

1.3.1　光源概述

光源（见图 1-21）是智能视觉系统的关键组成部分，其主要作用是通过合理的照明方式凸显目标的特征，提高图像的亮度和对比度，同时最大限度地将背景和干扰信息过滤或淡化，从而使智能视觉系统获得最有利于处理的图像，以保证整个系统的精度和稳定性。针对不同的检测内容和被测物体，需要选用不同的光源来达到最佳的检测效果。

图 1-21　光源

1.3.2　光源的分类

1. 按位置分类

光源按位置的不同，可分为前光源和背光源两种。

1）前光源

前光源是指放置在被测物体前方的光源，主要用于检测物体的反光及表面的平整情况。前光源的照明方式如图 1-22 所示。在实际应用中，前光源常用于检测 IC（integrated circuit, 集成电路）芯片上的印刷式字符、电子元器件、橡胶类制品、包装袋标记及封盖内部等。

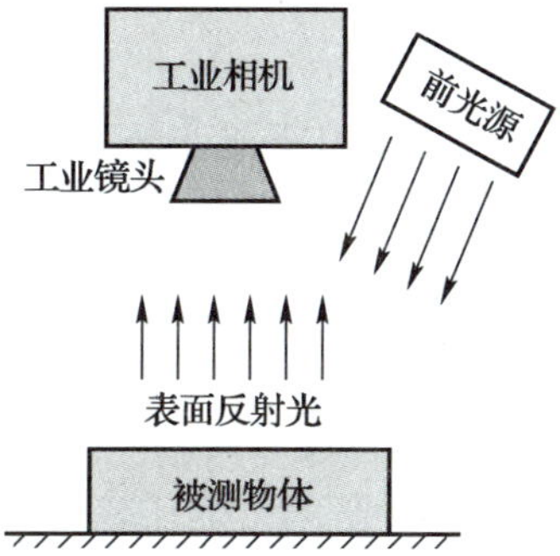

图 1-22　前光源的照明方式

前光源又可分为低角度光源和高角度光源两种，两者的主要区别在于光源和被测物体表面夹角 θ 的大小不同。低角度光源常用于雕刻式字符的识别，如图 1-23 所示；高角度光源常用于印刷式字符的识别，如图 1-24 所示。

图 1-23　低角度光源下的雕刻式字符

图 1-24　高角度光源下的印刷式字符

2）背光源

背光源是指放置在被测物体后方的光源，主要用于突出物体的外形轮廓特征。背光源的照明方式如图 1-25 所示。背光源常用于机械零件尺寸测量和表面缺陷检测、印刷海报缺陷检测等。

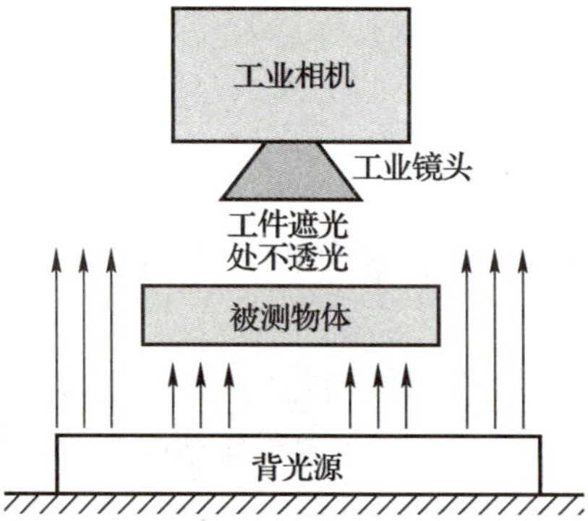

图 1-25　背光源的照明方式

2. 按形状分类

光源按形状的不同，可分为环形光源和条形光源两种。

1）环形光源

环形光源一般为高密度的 LED 阵列，可提供不同角度的照射，以突出被测物体边缘和高度的变化，使用者可根据不同的应用场景需求选择合适的角度进行照射。环形光源的照明方式如图 1-26 所示。环形光源可直接安装在工业镜头上，以减小阴影面积、降低图像对比度。在实际应用中，环形光源常用于工件边缘检测以及金属表面的刻字和损伤检测等。

2）条形光源

条形光源一般也为高密度的 LED 阵列，但应用场景与环形光源的不同。条形光源大多是从单边或多边以一定的角度照射物体，以突出被测物体的边缘特征，是对较大的物体进行边缘检测时的首选光源。条形光源的照明方式如图 1-27 所示。条形光源常用于字符检测、定位标记、液晶元件检测、金属表面检测，以及大面积物体表面的划痕和裂缝检测等。

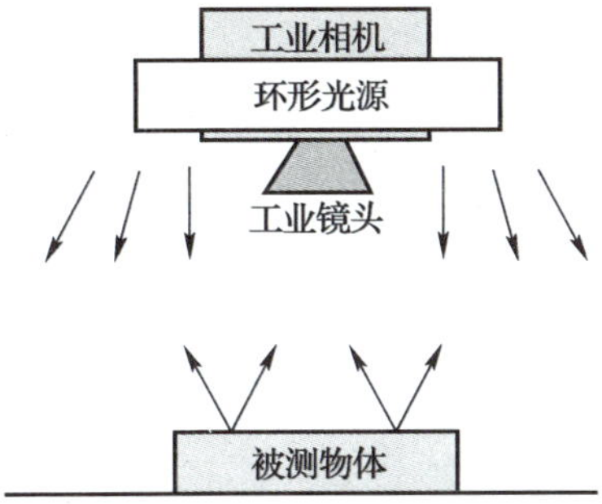

图 1-26　环形光源的照明方式

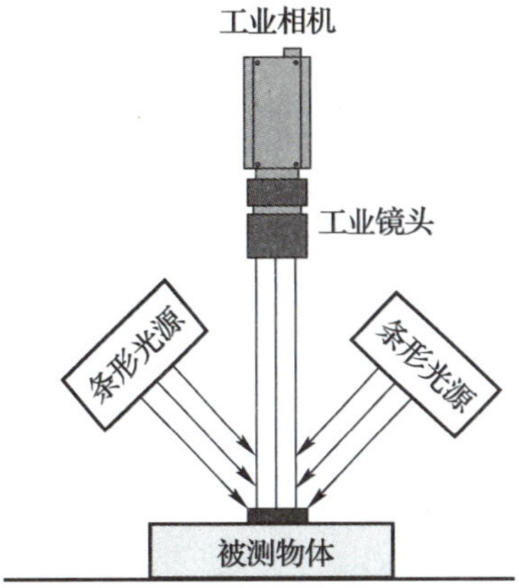

图 1-27　条形光源的照明方式

3. 按发光原理分类

光源按发光原理的不同，可分为荧光灯、卤素灯、LED 灯等，如图 1-28 所示。

（a）荧光灯

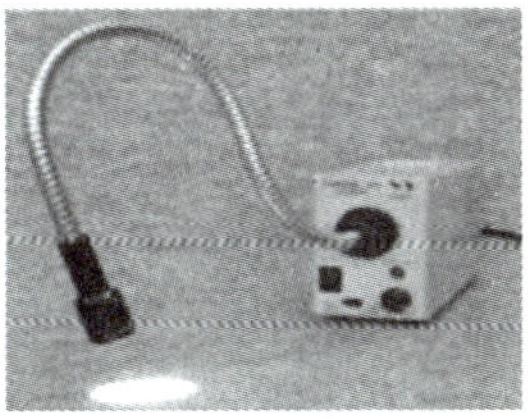

（b）卤素灯

（c）LED 灯

图 1-28　不同发光原理的光源

荧光灯又称日光灯，是一种由低压汞蒸气在通电后释放紫外线，从而使荧光粉发出可见光的光源；卤素灯由钨丝制成，使用寿命比白炽灯的长；LED 灯是一种能够将电能转换为可见光的固态半导体器件，是目前应用最广泛的光源之一。上述常见光源的颜色、寿命及特点如表 1-17 所示。

表 1-17　常见光源的颜色、寿命及特点

光源	颜色	寿命/h	特点
荧光灯	白色，偏绿	7 000～10 000	较便宜
卤素灯	白色，偏黄	5 000～7 000	很亮
LED 灯	黄色、绿色、白色	6 000～100 000	较亮

笔记

1.3.3 光源的参数

光源的参数主要有光通量、发光强度（简称光强）、照度、波长、色温、显色性等，这些参数直接决定了图像的质量。

1. 光通量

光通量是指光源发出光的总量，即光通过的量，单位为 lm（流明）。

2. 光强

光强是指光源在某一特定方向角内的光通量，单位为 cd（坎德拉）。光强是用来描述光源向某一特定方向辐射光通量大小的参数。

3. 照度

照度是指单位面积所接收的可见光的光通量，单位为 lx（勒克斯）。照度是用来描述光照的强弱和物体表面被照明程度的参数。在实际照射中，若要被照射点看起来更亮，不仅要提高光通量，还要使光线聚集，这样才能获得更高的照度。

4. 波长

波长是指光波在一个振动周期内传播的距离，单位为 m（米）。可见光是指波长在380～780 nm 之间，能被人眼感知的光。其中，红色光波长最长，为 627～780 nm；紫色光波长最短，为 380～450 nm。

5. 色温

色温是指当光源的颜色与某一温度下的黑体（完全辐射体）所发出的光色相同时黑体的温度，单位为 K（开尔文）。光源的色温通常用黑体发出光谱成分相同的光时所处的绝对温度表示。不同的光源，其色温也不同。高压钠灯的色温为 2 200 K 左右，白炽灯和卤素灯的色温为 2 700～3 000 K，直射阳光的色温为 4 800 K 左右。

扫码学习

一分钟看懂显色性

6. 显色性

显色性是指物体的真实颜色与其在某一标准光源下所显示的颜色之间的关系，即不同光谱的光照射在同一物体上时，所呈现不同颜色的特性。显色性通常用显色指数（Ra）来表示，光源的显色指数越高，其显色性就越好。

1.3.4　光源的选择

在选择光源时，需要考虑被测物体的表面形态（镜面、糙面、曲面、平面）、材质、表面颜色，以及光源的照明方式、光谱特性等，同时还要考虑光源的发光效率和使用寿命。

1. 根据照明方式选择光源

先根据检测目的及被测物体的表面纹理选择视场的明暗，确定照明方式，再根据照明方式选择光源，如图 1-29 所示。其中，明视场背景灰度值高，特征灰度值低；暗视场背景灰度值低，特征灰度值高。

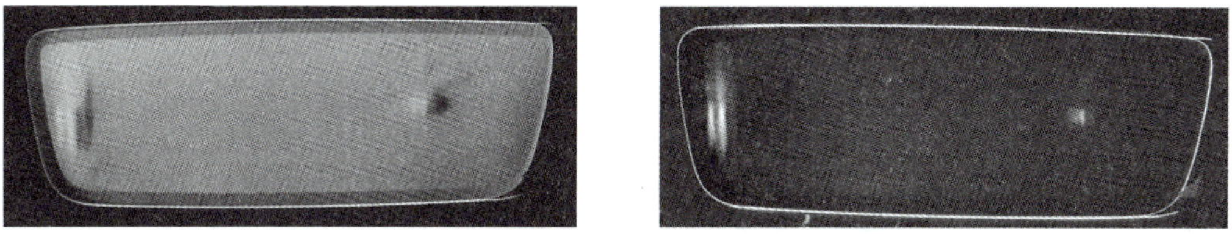

（a）明视场图像　　（b）暗视场图像

图 1-29　根据照明方式选择光源

2. 根据被测物体的反光特性选择光源

被测物体的材料不同，其反射率也不同；同种材料的被测物体对不同波长的光的反射率也有所不同。当光线照射在被测物体表面时，被测物体会对不同波长的光产生不同程度的吸收和散射，因此可根据被测物体的这种特性选择合适的光源，如图 1-30 所示。

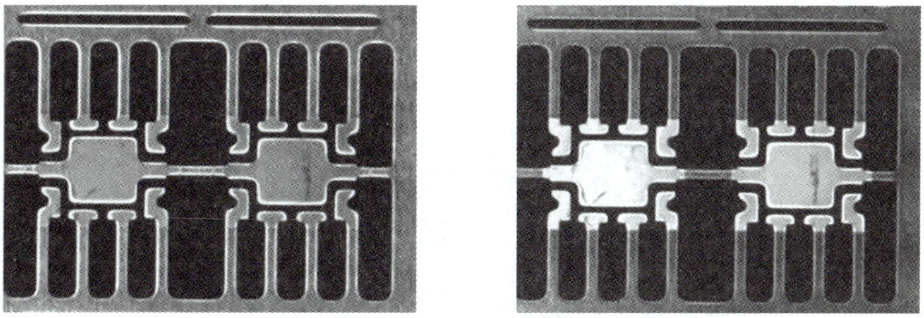

（a）自然光照射效果　　（b）蓝光照射效果

图 1-30　根据被测物体的反光特性选择光源

3. 根据特殊波长的类型选择光源

特殊波长光源主要有红外光源、紫外光源等。红外光源具有良好的穿透性，透过有机材质或染料的能力较强，可过滤被测物体表面的大分子干扰。紫外光源与红外光源相反，穿透性较弱，可用于检测产品中的隐形特征，如瓶盖的隐形码、纸币的防伪码等，但紫外光源对人体有害，须谨慎使用。如图 1-31 所示为普通光源照射效果和红外光源照射效果对比。

（a）普通光源照射效果

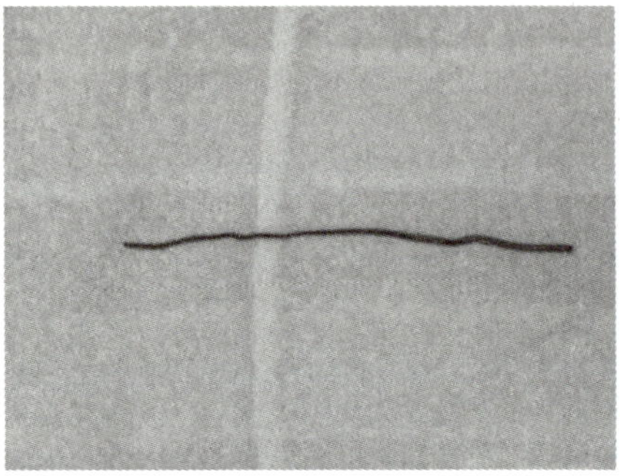

（b）红外光源照射效果

图 1-31　普通光源照射效果和红外光源照射效果对比

实践操作——选择光源

1. 实施概况

某酒厂有一批酒瓶盖，现需要识别酒瓶盖上的生产批号，并检测生产批号的位置是否偏离。已知酒瓶盖为圆形，直径为 25 mm。现需要选择合适的光源。

2. 实施步骤

1）分析产品的特性

如图 1-32 所示，酒瓶盖上印有红黑交错的背景图案，为激光刻印的，呈灰色。

图 1-32　待检测的酒瓶盖

为了便于识别，应使酒瓶盖上生产批号的字符变亮，使背景颜色变暗，这样背景和字符就会得到明显的区分。因此，应根据光源的互补原理，选用蓝色光源，这样红色的背景就会发黑。如图 1-33 所示为白色光源照射效果和蓝色光源照射效果对比。

（a）白色光源照射效果

（b）蓝色光源照射效果

图 1-33　白色光源照射效果和蓝色光源照射效果对比

2）分析产品的形状

酒瓶盖的形状为圆形，直径为 25 mm，因此需要选择同轴光源或环形光源。

3）分析产品的材质特性

酒瓶盖的材料为金属材料，表面有印刷图案，比较光滑，反光度较高，因此需要选择同轴光源或带角度的环形光源。

4）确定光源的类型

确定光源后，再进行性价比分析。最终选用直径为 204 mm 的蓝色环形光源，并在距酒瓶盖 110 mm 高处打光，其照射效果如图 1-34 所示。

图 1-34　蓝色环形光源的照射效果

笔记

砥节砺行

工业之眼，智能视觉系统加速智能制造变革

某公司是国内首家完整掌握“光、机、电、算、软”设计开发能力的“硬科技”人工智能企业。

目前，该公司已建成在行业内有较大影响力的智能视觉与智能装备技术研发基地，研发了高精度智能工业相机及3D涂胶质量在线检测系统等产品及解决方案，技术均处于全球领先地位。

在这之前，全球最先进的3D涂胶质量在线检测核心技术主要掌握在德国、日本少数几家企业手中，我国由于受到国外企业的技术封锁，还只能做技术水平较低的2D涂胶质量检测系统。该公司首先开发了第一代3D涂胶质量在线检测系统，但结果并不理想，后采用四光刀级联方式改进了光刀扫描系统，又通过优化算法进一步提升了数据处理运行速度。历时3个月，研发团队完成了3D涂胶质量在线检测系统的迭代升级，该公司正式宣布推出该系统。

该公司研发的3D涂胶质量在线检测系统，填补了国内技术空白，解决了3D涂胶质量在线检测核心技术被国外企业“卡脖子”的问题。很快，该系统就应用在了重庆某汽车厂家的涂胶生产线上。

经汽车厂家使用验证，这套系统通过360°无死角采集涂胶作业及胶条的高清晰图像，可对胶条厚薄、漏胶、胶线过窄或过宽等情况进行实时分析，并能据此“指挥”涂胶机器人自动调整涂胶轨迹，甚至还能“指挥”涂胶机器人及时对漏胶或胶条薄的地方进行补胶。

目前，该公司已形成了智能视觉、智能装备、算法平台等产品体系，其中一些产品已经全面达到或超越国内外一流产品水平。

（资料来源：张锦辉，重庆日报网）

学习成果检验

1. 填空题

（1）工业相机主要由____________、____________、____________、____________等组成。

（2）工业相机按图像传感器类型的不同，可分为____________和____________两种。

（3）帧率是指____，即每秒采集图像的帧数，单位为 f/s。工业相机采集、处理图像信息的时间越________，帧率越________，采集的画面就会越________。

（4）视场角与焦距成________，视场角越________，焦距就越________，视野也就越小。

2. 选择题

（1）下列选项中，________不是影响视野范围的因素。

A. 视场角　　B. 成像面大小

C. 焦距　　D. 被测物体的尺寸

（2）某一待测白色产品上印有蓝、红色字符，若仅检测蓝色字符，则使用________光源时检测效果最好。

A. 红外　　B. 绿色

C. 蓝色　　D. 紫外

（3）用来描述光源向某一特定方向辐射光通量大小的参数为________。

A. 光照　　B. 色温

C. 光强　　D. 照度

（4）用来衡量光的聚集或发散程度的参数为________。

A. 焦距　　B. 对比度

C. 分辨率　　D. 视场角

3. 简答题

（1）什么是光谱响应特性？光谱响应特性与光谱响应曲线之间有什么联系？

（2）简述帧曝光和行曝光的含义。

（3）简述工业镜头景深的含义。

学习成果评价

指导教师根据学生的项目学习成果对其进行评价，学生配合指导老师共同完成如表 1-18 所示的学习成果评价表。

表 1-18　学习成果评价表

<table>
<tr><td>班级</td><td colspan="2"></td><td>组号</td><td></td><td>日期</td><td></td></tr>
<tr><td>姓名</td><td colspan="2"></td><td>学号</td><td></td><td>指导教师</td><td></td></tr>
<tr><td>项目名称</td><td colspan="6">智能视觉系统的硬件</td></tr>
<tr><td>评价项目</td><td colspan="3">评价内容</td><td>评价方式</td><td>满分/分</td><td>评分/分</td></tr>
<tr><td rowspan="9">知识
（40%）</td><td colspan="3">工业相机的分类</td><td rowspan="9">理论测试</td><td>4</td><td></td></tr>
<tr><td colspan="3">工业相机的参数</td><td>4</td><td></td></tr>
<tr><td colspan="3">工业相机的选择</td><td>5</td><td></td></tr>
<tr><td colspan="3">工业镜头的分类</td><td>4</td><td></td></tr>
<tr><td colspan="3">工业镜头的参数</td><td>4</td><td></td></tr>
<tr><td colspan="3">工业镜头的选择</td><td>5</td><td></td></tr>
<tr><td colspan="3">光源的分类</td><td>4</td><td></td></tr>
<tr><td colspan="3">光源的参数</td><td>4</td><td></td></tr>
<tr><td colspan="3">光源的选择</td><td>6</td><td></td></tr>
<tr><td rowspan="3">技能
（40%）</td><td colspan="3">选择工业相机</td><td rowspan="3">实践操作</td><td>13</td><td></td></tr>
<tr><td colspan="3">选择工业镜头</td><td>14</td><td></td></tr>
<tr><td colspan="3">选择光源</td><td>13</td><td></td></tr>
<tr><td rowspan="5">素养
（20%）</td><td colspan="3">积极参加教学活动，主动学习、思考、讨论</td><td rowspan="5">综合评判</td><td>4</td><td></td></tr>
<tr><td colspan="3">认真负责，按时完成学习、实践任务</td><td>4</td><td></td></tr>
<tr><td colspan="3">团结协作，与组员之间密切配合</td><td>4</td><td></td></tr>
<tr><td colspan="3">服从指挥，遵守课堂和实训室纪律</td><td>4</td><td></td></tr>
<tr><td colspan="3">守正创新，自信自强</td><td>4</td><td></td></tr>
<tr><td colspan="5">合计</td><td>100</td><td></td></tr>
<tr><td>自我评价</td><td colspan="6"></td></tr>
<tr><td>指导教师评价</td><td colspan="6"></td></tr>
</table>

项目2 数字图像处理技术

项目导读

数字图像处理技术改变了传统图像处理的理念和方法，使图像的采集处理过程从模拟式转换为数字式，从后期处理转换为实时处理，有效提升了智能视觉系统的图像目标表征能力和图像处理能力，使图像处理实现了数字化的飞跃。

本项目主要介绍图像预处理、视觉定位、视觉测量等数字图像处理技术。通过本项目的学习，学生应能掌握相关数字图像处理技术的基本原理，并具备一定的应用能力。

项目目标

【知识目标】

- 掌握数字图像处理技术的相关概念。
- 掌握图像采样、量化等图像数字化过程。
- 掌握图像预处理相关技术。
- 掌握视觉定位相关技术。
- 掌握视觉测量相关技术。

【技能目标】

- 能正确预处理给定图像。
- 能正确定位给定工件的位置。
- 能正确测量给定工件的尺寸。

【素质目标】

- 养成脚踏实地、认真负责的工作作风。
- 弘扬执着专注、科学严谨、精益求精、追求卓越的工匠精神。

任务 2.1　应用图像预处理技术

任务引入

在拍摄过程中，由于光学系统的失真、工业相机的相对运动及外界环境的影响，图像会出现模糊或平移；在扫描、传输及显示的过程中，由于受到噪声等因素的影响，图像会出现特征模糊或形状失真。这就需要对图像进行几何校正和图像增强等预处理，以改善图像的视觉效果，便于后续的检测和识别。

图像预处理是图像处理中的关键一环，其主要目的是按照特定需求突出图像的有用信息，消除图像的无关信息，将图像转换为更适合人或计算机分析处理的形式，从而提高特征提取、图像分割、匹配识别的可靠性。

本任务要求学生从数字图像处理与识别、图像预处理的方法等方面了解图像预处理技术，知识与技能要求如表 2-1 所示。

表 2-1　知识与技能要求

任务内容	应用图像预处理技术	学习程度		
		识记	理解	应用
学习任务	数字图像概述	●		
	数字图像处理与识别		●	
	图像预处理技术		●	
实训任务	预处理给定图像			●
自我勉励				

任务工单——应用图像预处理技术

1. 任务描述

学生根据指导教师提出的任务要求并结合实际情况，了解图像预处理技术的相关知识，并对给定图像进行预处理。

2. 学生分组

学生以3～5人为一组进行分组，各小组选出组长并进行任务分工，将小组概况及分工情况填入表2-2中。

表2-2 小组概况及分工情况

<table>
<tr><td>班级</td><td></td><td>组号</td><td></td><td>指导教师</td><td></td></tr>
<tr><td>小组成员</td><td>姓名</td><td>学号</td><td colspan="3">任务分工</td></tr>
<tr><td>组长</td><td></td><td></td><td colspan="3"></td></tr>
<tr><td rowspan="4">组员</td><td></td><td></td><td colspan="3"></td></tr>
<tr><td></td><td></td><td colspan="3"></td></tr>
<tr><td></td><td></td><td colspan="3"></td></tr>
<tr><td></td><td></td><td colspan="3"></td></tr>
</table>

3. 知识准备

引导问题1：什么是数字图像？数字图像与传统图像之间有何差别？

引导问题2：图像数字化包含哪些环节？

引导问题 3：数字图像处理与识别通常应用在哪些领域？

引导问题 4：常用的图像预处理技术有哪些？

4．工具和器材准备

各小组查阅相关资料，制订工作规划，并将任务实施过程中所需的工具和器材填入表 2-3 中。

表 2-3 工具和器材清单

序号	名称	型号与规格	单位	数量	备注

5. 制订方案

（1）各小组针对工作规划展开讨论，制订实施方案。

（2）指导教师对各小组的实施方案进行评价。

（3）各小组根据指导教师的评价对实施方案进行调整。

（4）调整合格后的实施方案即最终实施方案。

6. 任务实施

各小组按照最终实施方案，对给定图像进行预处理，将实施内容及完成情况填入表 2-4 中，并进行任务总结。

表 2-4 实施内容及完成情况

实施内容	完成情况

表 2-4（续）

任务总结

7. 考核评价

指导教师根据学生的任务完成情况对学生进行评价，学生配合指导教师共同完成如表 2-5 所示的任务考核评价表。

表 2-5 任务考核评价表

<table>
<tr><th rowspan="2">项目名称</th><th rowspan="2" colspan="2">评价内容</th><th rowspan="2">总分/分</th><th colspan="3">评分/分</th></tr>
<tr><th>自评</th><th>互评</th><th>师评</th></tr>
<tr><td rowspan="6">职业素养考核项目（40%）</td><td colspan="2">无迟到、无早退、无旷课</td><td>6</td><td></td><td></td><td></td></tr>
<tr><td colspan="2">仪容仪表符合规范要求</td><td>6</td><td></td><td></td><td></td></tr>
<tr><td colspan="2">具备较强的安全意识与责任意识</td><td>10</td><td></td><td></td><td></td></tr>
<tr><td colspan="2">具备良好的团队合作与交流能力</td><td>6</td><td></td><td></td><td></td></tr>
<tr><td colspan="2">具备较强的纪律执行力</td><td>6</td><td></td><td></td><td></td></tr>
<tr><td colspan="2">保持作业现场卫生</td><td>6</td><td></td><td></td><td></td></tr>
<tr><td rowspan="4">专业能力考核项目（60%）</td><td colspan="2">查找专业知识及时、准确</td><td>12</td><td></td><td></td><td></td></tr>
<tr><td colspan="2">制订方案合理</td><td>18</td><td></td><td></td><td></td></tr>
<tr><td colspan="2">操作熟练，工作效率高</td><td>12</td><td></td><td></td><td></td></tr>
<tr><td colspan="2">正确预处理给定图像</td><td>18</td><td></td><td></td><td></td></tr>
<tr><td colspan="3">合计</td><td>100</td><td></td><td></td><td></td></tr>
<tr><td rowspan="2">总评</td><td rowspan="2">自评（20%）＋互评（20%）＋师评（60%）=_____</td><td>综合等级</td><td rowspan="2" colspan="4">指导教师(签名)：______________</td></tr>
<tr><td></td></tr>
</table>

2.1.1　数字图像概述

1. 数字图像的定义

数字图像是由模拟图像数字化得到的，即将连续的模拟图像离散化成规则网格，并用计算机以数字的方式记录各网格点的亮度信息，由此得到的图像。

简单来说，可将一幅二维图像视为离散坐标点的二维函数 $f(x, y)$，其中 x 和 y 为空间坐标。在平面中任意一对空间坐标 (x, y) 上的幅值 f 称为该点图像的灰度或强度，数字图像的空间坐标 (x, y) 和幅值 f 都是有限的离散数值。

提　示

> 数字图像是用数组或矩阵表示的图像。当用矩阵表示数字图像时，行、列数分别表示数字图像的有限元素。每个有限元素都有特定的空间位置和幅值，用于表示其所在行列位置的图像物理信息。在数字图像领域，这些元素被称为像素或像元。

2. 数字图像的分类

数字图像按其像素所包含信息的不同，可分为二值图像、灰度图像、彩色图像、索引图像等。

1）二值图像

二值图像是指每个像素点均为黑色或白色的图像。二值图像的灰度值只有 0 和 1，一般用 0 表示黑色，用 1 表示白色。因此，二值图像所包含的信息较少，所占用的存储空间较小，实用性强。

2）灰度图像

灰度图像是指每个像素点为不同深度的灰色或黑白两色的图像。灰度图像的灰度值在 0～255 之间。其中，0 表示黑色，255 表示白色，中间的数值从小到大表示由黑到白的过渡色。在灰度图像中，每个像素点的灰度值可用不同的方法表示，其中最常见的是用 8 位无符号整数来表示，这种表示方法有 256 种不同的取值；还可用 16 位整数或 32 位浮点数来表示，这种表示方法可提高灰度分辨率。

3）彩色图像

彩色图像的每个像素点都被分成红（red, R）、绿（green, G）、蓝（blue, B）3 个基色分量，这 3 个基色分量称为 RGB 三原色。每个基色分量直接决定其基色的强度，因此通过控制 RGB 三原色的比例就可决定该像素最终的显示颜色。

4）索引图像

索引图像的结构复杂，除包含图像的二维矩阵外，还包含颜色索引矩阵的二维数组。颜色索引矩阵的大小由用于存放图像信息的矩阵元素的值域决定。索引图像一般用来表示对色彩要求比较简单的图像，如果图像对色彩要求较复杂，则需要用彩色图像表示。

3. 图像数字化过程

采样和量化是图像数字化的两个关键环节。

1）采样

采样是将空间上连续的图像转换为离散点的过程，如图 2-1 所示。两个相邻采样点之间的间隔称为采样间隔，在 x 、 y 两个方向上的采样间隔分别用 Δx 、 Δy 表示。对于同一幅图像，采样间隔越小，所得到的像素数就越多，空间分辨率就越高，图像也就越清晰；采样间隔越大，所得到的像素数就越少，空间分辨率就越低，图像也就越模糊，严重时甚至会出现马赛克效应。采样间隔逐渐增大时的图像效果对比如图 2-2 所示。

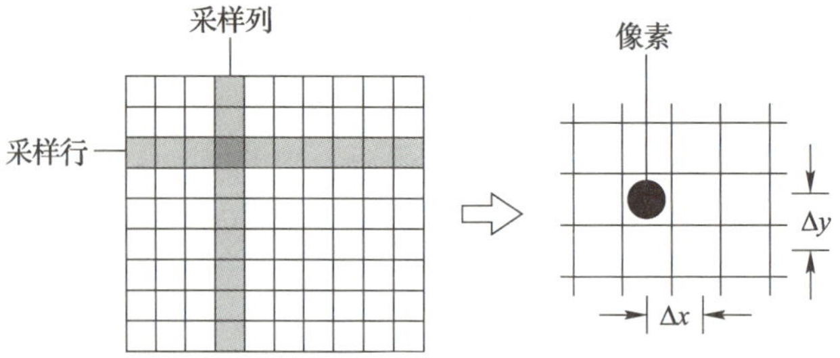

图 2-1　采样

（a） $\Delta x=\Delta y=1$　（b） $\Delta x=\Delta y=2$　（c） $\Delta x=\Delta y=4$

（d） $\Delta x=\Delta y=8$　（e） $\Delta x=\Delta y=16$　（f） $\Delta x=\Delta y=32$

图 2-2　采样间隔逐渐增大时的图像效果对比

2）量化

经采样后的图像在空间上为离散的像素点，但灰度值仍然是连续的，此时的图像需要经过量化才能被计算机处理。量化是将采样后像素点的连续的灰度值转换为离散值的过程，如图 2-3 所示。量化后的灰度等级通常为 2 的整数幂，对应的指数称为量化等级。量化等级越高，图像所含的信息就越丰富，灰度分辨率就越高，图像质量也就越好，但数据量会增多；量化等级越低，图像所含的信息就越简单，灰度分辨率就越低，图像质量也就越差，严重时甚至会出现虚假轮廓效应。量化等级逐渐降低时的图像效果对比如图 2-4 所示。

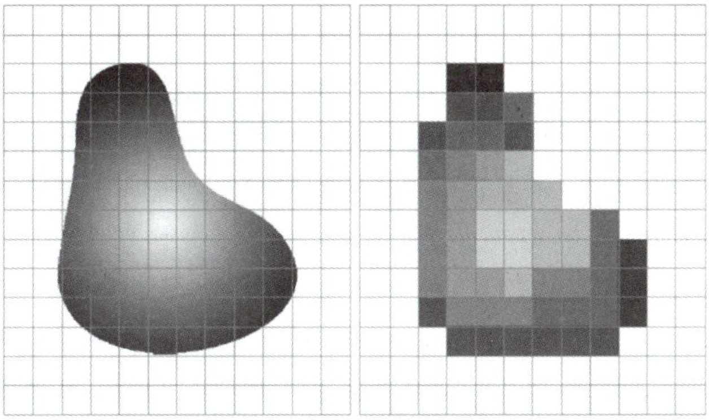

图 2-3　量化

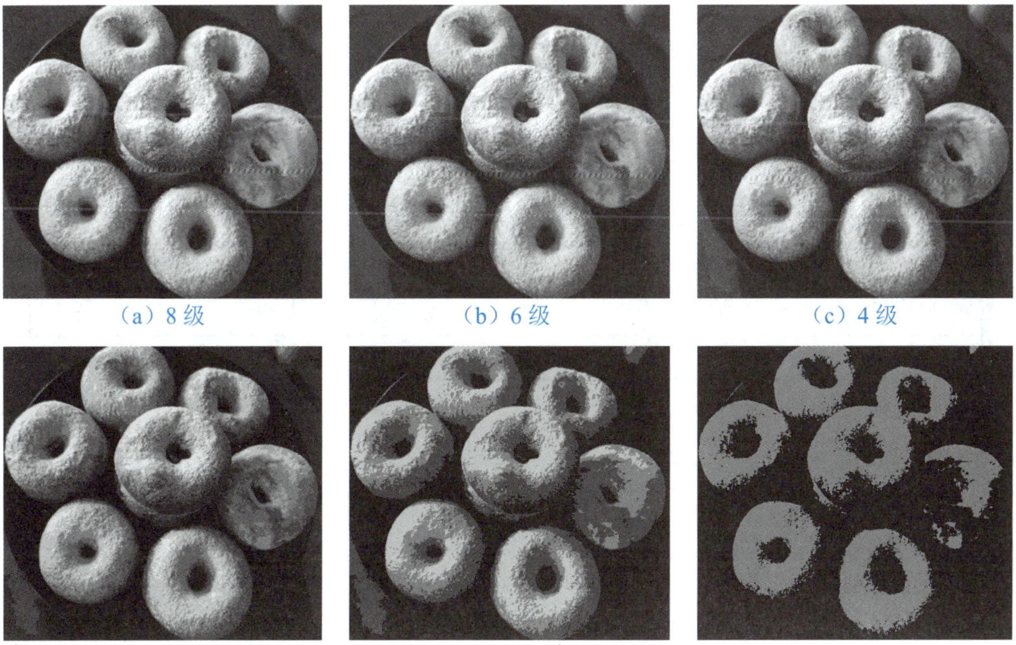

（a）8 级　（b）6 级　（c）4 级

（d）3 级　（e）2 级　（f）1 级

图 2-4　量化等级逐渐降低时的图像效果对比

2.1.2　数字图像处理与识别

1. 数字图像处理

数字图像处理（digital image processing, DIP）是指用计算机对数字图像进行各种处理以及对模拟图像进行数字化处理并复原模拟图像的技术。数字图像处理一般包含图像压缩、图像分割、图像分析与描述等内容。

2. 数字图像识别

数字图像识别（digital image recognition, DIR）是指通过计算机对数字图像进行处理、分析和理解，以辨别各目标的性质和相互关系，识别目标对象类别的技术。数字图像识别技术的典型应用有人脸识别、产品识别等。人脸识别主要应用于安全检查、身份核实、移动支付等领域；产品识别主要应用于无人超市、智能零售柜等无人零售领域。

头脑风暴

数字图像处理与识别技术是一种将图像信号转换为数字信号并借助计算机来达到实际应用目的的数字技术。目前，数字图像处理与识别技术已广泛应用于航天航空、医疗保健、工业工程、军事、文化艺术等领域。请学生查阅相关资料，了解目前数字图像处理与识别技术的应用，并将表 2-6 补充完整。

表 2-6　数字图像处理与识别技术的应用

相关领域	典型应用
航天航空	
医疗保健	X 光照片增强、CT、核磁共振、病灶自动检测
工业工程	
军事	
文化艺术	

笔记

2.1.3　图像预处理技术

图像预处理技术是指对每一个文字图像进行分拣并传输给识别模块进行识别的技术。在图像分析中，图像预处理主要是指在对输入图像的特征提取、图像分割和图像匹配前进行的处理工作。常用的图像预处理技术包含灰度变换、几何变换、直方图均衡化、图像滤波、图像锐化等。

1. 灰度变换

灰度变换是一种图像增强技术，其实质是根据某种计算方法改变图像中每一个像素点的灰度值，从而改善图像的显示效果。设输入图像为 $A(x, y)$，输出图像为 $B(x, y)$，则灰度变换可表示为

$$B(x, y) = f[A(x, y)]$$

其中，f 为灰度映射函数。f 既可以是线性函数，又可以是非线性函数。因此，灰度变换可分为灰度线性变换和灰度非线性变换两种，而灰度非线性变换又包含对数变换、伽马变换等形式。

灰度变换扩大了图像的动态范围，增大了图像对比度，使图像更加清晰，特征更加明显。如图 2-5 所示为灰度变换处理前后的图像效果对比。

（a）灰度变换处理前

（b）灰度变换处理后

图 2-5　灰度变换处理前后的图像效果对比

2. 几何变换

常用的几何变换方法有图像缩放、图像旋转等。

1）图像缩放

图像缩放是指将给定的图像在 x 方向上缩放 S_x，在 y 方向上缩放 S_y，从而获得一幅新的图像。图像的缩放变换是其大小的变换，中心位置一般不会改变。如果 $S_x = S_y$，即

在 x 方向和 y 方向的缩放比例相同，这样的缩放称为全比例缩放。如果 $S_x \neq S_y$，则图像的缩放将会改变原始图像像素点的相对位置，从而产生几何畸变。

假设原始图像上的点 $A_0(x_0, y_0)$ 经图像缩放后，在新图像上对应的点为 $A(x, y)$，两点之间的关系可用矩阵形式表示，即

$$\begin{bmatrix} x \\ y \\ 1 \end{bmatrix} = \begin{bmatrix} S_x \\ 0 \\ 0 \end{bmatrix}\begin{bmatrix} S_x & 0 & 0 \\ 0 & S_y & 0 \\ 0 & 0 & 1 \end{bmatrix}\begin{bmatrix} x_0 \\ y_0 \\ 1 \end{bmatrix}$$

其逆运算为

$$\begin{bmatrix} x_0 \\ y_0 \\ 1 \end{bmatrix} = \begin{bmatrix} \frac{1}{S_x} & 0 & 0 \\ 0 & \frac{1}{S_y} & 0 \\ 0 & 0 & 1 \end{bmatrix}\begin{bmatrix} x \\ y \\ 1 \end{bmatrix}$$

2）图像旋转

图像旋转是指以图像的中心为原点，旋转一定的角度，从而获得一幅新的图像。图像旋转会使图像的中心位置发生改变，图像的大小一般不会改变。简单的图像旋转如图 2-6 所示。原始图像的点 $A_0(x_0, y_0)$ 经一定角度旋转后，在新图像上对应的点为 $A(x_1, y_1)$。

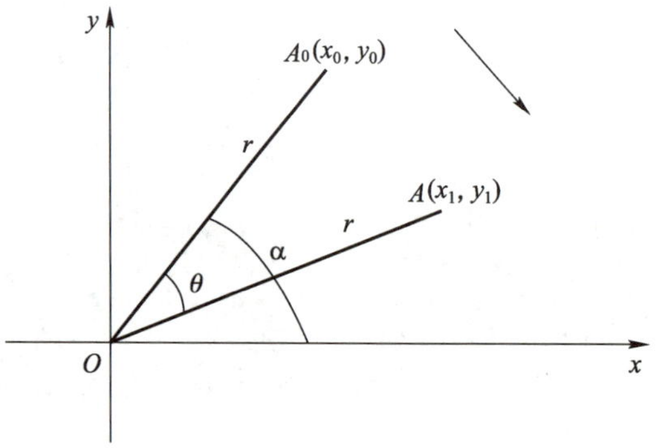

图 2-6　简单的图像旋转

图像旋转后的坐标往往需要通过一系列的复杂运算得到。旋转前后两点的坐标可用矩阵形式表示，即

$$\begin{bmatrix} x \\ y \\ 1 \end{bmatrix} = \begin{bmatrix} \cos\theta & -\sin\theta & 0 \\ \sin\theta & \cos\theta & 0 \\ 0 & 0 & 1 \end{bmatrix}\begin{bmatrix} x_0 \\ y_0 \\ 1 \end{bmatrix}$$

其逆运算为

$$\begin{bmatrix} x \\ y \\ 1 \end{bmatrix} = \begin{bmatrix} \cos\theta & \sin\theta & 1 \\ -\sin\theta & \cos\theta & 1 \\ 0 & 0 & 1 \end{bmatrix} \begin{bmatrix} x_0 \\ y_0 \\ 1 \end{bmatrix}$$

笔记

3. 直方图均衡化

直方图是指用一系列宽度相等、高度不等的矩形连接起来的表示统计数据的图。直方图的形态可反映图像的质量。图像的直方图越均匀，图像的视觉效果就越清晰。

直方图均衡化是一种图像增强技术，其实质是通过改变图像的直方图来改变图像中各像素点的灰度值，从而改善图像的对比度，如图 2-7 所示。

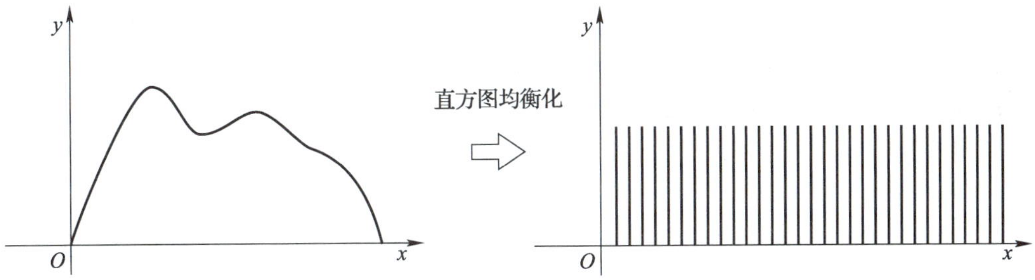

图 2-7　直方图均衡化

直方图均衡化增强了图像中动态范围偏小的对比度，尤其适用于图像有效数据对比度相似的情况。直方图均衡化后的图像局部对比度增强，整体对比度不发生改变。如图 2-8 所示为直方图均衡化前后的图像效果对比。

（a）原始图像

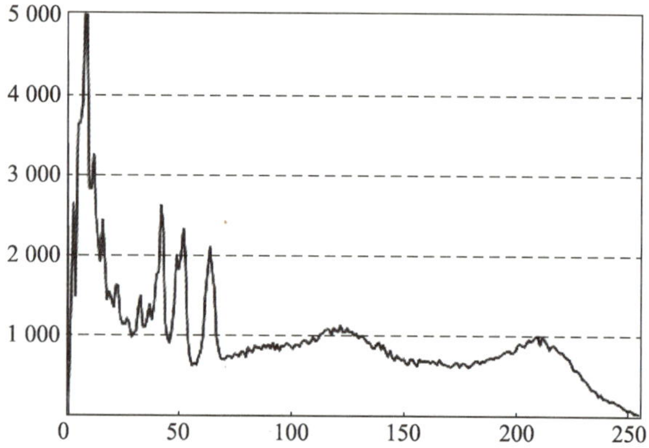

（b）原始图像的直方图

（c）直方图均衡化后的图像

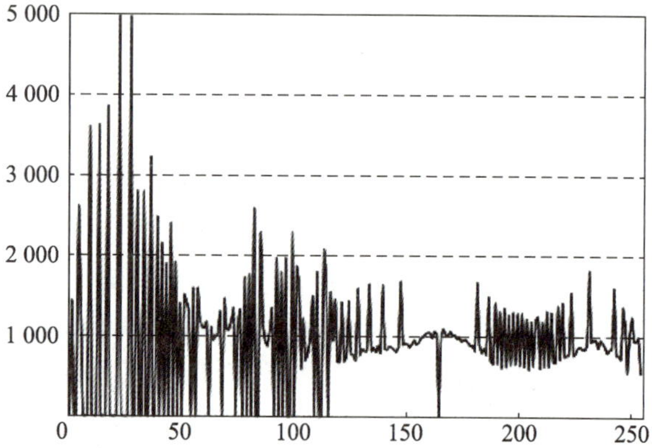

（d）直方图均衡化后的直方图

图 2-8　直方图均衡化前后的图像效果对比

4. 图像滤波

图像噪声是指图像中妨碍人们对其信息接收的各种随机因素。而图像滤波可抑制图像噪声，使图像的亮度趋于平滑。

图像滤波是常用的图像预处理方法，常用来消除图像噪声和解决工业相机失真等问题。常用的图像滤波方法有均值滤波、中值滤波及高斯滤波等。

1）均值滤波

均值滤波是消除图像噪声最简便的方法，属于线性滤波技术。均值滤波的原理是将以像素点为中心的矩形窗口内所有像素点的平均值作为该中心点的值。其中，矩形窗口的大小一般为3×3、5×5、9×9 等。均值滤波在消除噪声的同时，也会对每个像素点的特征点进行平滑处理，造成图像模糊。如图 2-9 所示为均值滤波前后的图像效果对比。

（a）均值滤波前的图像　　（b）均值滤波后的图像

图 2-9　均值滤波前后的图像效果对比

2）中值滤波

中值滤波是一种典型的低通滤波技术，属于非线性滤波技术。中值滤波的原理是将数字图像或数字序列中某点的值，用该点的一个矩形邻域内各点的中值代替。矩形邻域的大小一般先是3×3，再是5×5，逐次增大。中值滤波无须考虑图像的统计特性，在一定条件下还克服了均值滤波存在的图像模糊等问题，保留了图像的细节信息。如图 2-10 所示为中值滤波前后的图像效果对比。

（a）中值滤波前的图像　　（b）中值滤波后的图像

图 2-10　中值滤波前后的图像效果对比

3）高斯滤波

高斯滤波是一种线性平滑滤波，适用于消除高斯噪声。高斯滤波的原理是对整幅图像进行加权平均，每个像素点的值都由其本身和邻域内的其他像素点经过加权平均后得到，距离中心像素点越远的点权重越小。高斯滤波在各个方向上的平滑程度相同，不会改变原始图像的边缘走向，从而保证了特征点和边缘的特性。如图 2-11 所示为高斯滤波前后的图像效果对比。

扫码学习

高斯滤波的原理

（a）高斯滤波前的图像

（b）高斯滤波后的图像

图 2-11　高斯滤波前后的图像效果对比

5. 图像锐化

图像锐化与图像滤波的操作相反，其实质是通过增强高频分量来增强图像的边缘和轮廓信息，降低图像的模糊程度，使图像细节更清晰。在数字图像处理中，能进行锐化的图像必须具有较高的信噪比，否则锐化后的图像信噪比将变低，图像噪声的增加量将增大。通常情况下，在数字图像处理前需要先消除或减小图像噪声，再进行图像锐化。如图 2-12 所示为图像锐化前后的图像效果对比。

（a）图像锐化前的图像

（b）图像锐化后的图像

图 2-12　图像锐化前后的图像效果对比

知识拓展

图像预处理技术在摄影测量与遥感领域的应用也较为广泛。卫星拍摄的遥感图像在传输过程中，会受到大气层的吸收或散射，其光谱分布会发生变化，使图像产生几何畸变。因此，在使用遥感图像前需要对其进行大气校正、辐射定标、灰度变换等。

实践操作——预处理给定图像

1. 背景描述

在数字图像处理与识别中，图像的质量直接影响着智能视觉系统的识别精度，而且图像质量还受限于系统的硬件性能和使用环境。因此，为了提高图像质量，降低数字图像处理难度，对图像进行预处理将是十分必要的。图像预处理不仅可优化数字图像处理效果，提高识别精度，还可提高系统的环境适应性、鲁棒性和识别效率。

2. 实施方案

本方案基于 Python 对原始图像（见图 2-13）进行预处理，以了解图像预处理技术。图像预处理的一般流程如下。

图 2-13　原始图像

1）灰度变换

在对原始图像进行预处理时，需要先对 RGB 三原色进行处理，但需要花费较高的成本。因此，为了降低成本，提高处理速度，首先需要对原始图像进行灰度变换。基于 Python 的灰度变换代码如下。

```
    def grayscale_transform(img_data: np.ndarray, alpha: float = 
-1., beta: float = 255.):
    """
    根据公式 f = alpha * img_data + beta 实现图像的灰度线性变换
    """
    transformed_data = alpha * img_data + beta
    return transformed_data.astype(np.uint8)
```

灰度变换结果如图 2-14 所示。

图 2-14　灰度变换结果

2）几何变换

完成灰度变换后，需要对图像进行几何变换。几何变换主要通过缩放、旋转等方式来处理图像，常用来解决成像的角度、透视位置不合预期等问题。此外，在几何变换时，为解决像素可能被映射到输入图像的非整数坐标上的问题，往往需要采用最近邻插值法进行修正。

基于 Python 的图像缩放代码如下。

```
def scale_image(img_data: np.ndarray, scaled_height: int, scaled_width: int):
    """
    使用最近邻插值法对图像进行修正
    """
    #创建空矩阵用于存放缩放后的像素
    scaled_img = np.zeros((scaled_height, scaled_width, img_data.shape[-1]), dtype = img_data.dtype)
    img_height, img_width = img_data.shape[0], img_data.shape[1]
    height_factor = scaled_height / img_height
    width_factor = scaled_width / img_width

    for scaled_x in range(scaled_height - 1):
        for scaled_y in range(scaled_width - 1):
            #计算坐标的映射关系
            src_x = round(scaled_x / height_factor)
            src_y = round(scaled_y / width_factor)
            scaled_img[scaled_x,scaled_y] = img_data[src_x,src_y]

    return scaled_img
```

图像缩放结果如图 2-15 所示。

图 2-15　图像缩放结果

基于 Python 的图像旋转代码如下。

```
Def rotate(img_data: np.ndarray,angle: float, center: tuple[float,float]= None):
    """
    图像旋转任意角度
    """
    h,w,c = img_data.shape
    #Defining the center point of rotation as the center of the image if center is not provided
    center = (w / 2,h/ 2) if center is None else center
    #Ensuring that the center point lies within the image dimensions
    assert 0 <= center[0]<= w and 0 <= center[1] <= h

    #Adding a border of zeros around the input image to avoid cropping after rotation
    top,bottom,left,right = h,h,w,w
    bordered=cv2.copyMakeBorder(img_data,top, bottom, left, right, borderType=cv2.BORDER_CONSTANT,value=cv2.BORDER_TRANSPARENT)
    #Computing the rotation matrix with respect to the center point of the image
    m=cv2.getRotationMatrix2D(center=(center[0]+left, center[1]+top), angle=angle, scale=1)
    #Applying the rotation to the bordered image using the computed rotation matrix
    ret = cv2.warpAffine(bordered, m, bordered.shape[1::-1], borderMode=cv2.BORDER_TRANSPARENT)
    #Removing the zero-padded border from the rotated image
    x,y = np.where(ret[..., -1] != 0)
    return ret[x.min():x.max(),y.min():y.max(),:]
```

图像旋转结果如图 2-16 所示。

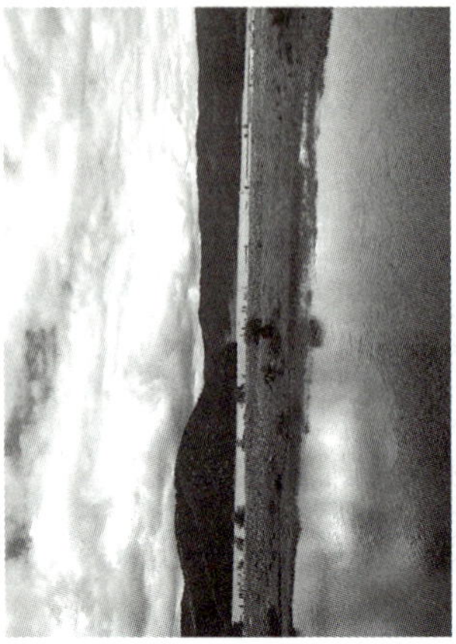

图 2-16 图像旋转结果

3）图像滤波

最后，需要对图像进行均值滤波、中值滤波、高斯滤波等滤波处理。

其中，均值滤波代码如下。

```
def mean_filter(img_data: np.ndarray, kernel_size: int =5):
"""均值滤波"""
return cv2.blur(img_data,ksize=(kernel_size,kernel_size))
```

中值滤波代码如下。

```
def median_filter(img_data: np.ndarray, kernel_size: int = 5):
"""中值滤波"""
return cv2.medianBlur(img_data,kernel_size)
```

高斯滤波代码如下。

```
def guassian_filter(img_data:np.ndarray,kernel_size:int=5):
"""高斯滤波"""
return cv2.GaussianBlur(img_data,ksize=(kernel_size, kernel_size),
sigmaX=0)
```

3 种滤波方式对应的结果如图 2-17 所示。

（a）均值滤波结果　（b）中值滤波结果　（c）高斯滤波结果

图 2-17 3 种滤波方式对应的结果

任务 2.2　应用视觉定位技术

任务引入

随着人工智能技术的不断发展，视觉定位技术已广泛应用于各个领域。例如，微软混合现实头戴式显示器 Hololens 2，特斯拉 Model Y 系列汽车搭载的智能辅助驾驶系统 Autopilot，荣获 2020 全球 5G 应用大赛年度最佳应用奖的华为河图，搭载摄像头、可实现高效全景导航的 iRobot Roomba i7 + 系列扫地机器人，贝壳如视 VR 看房系统，大疆 Mavic、精灵、FPV 等系列消费级无人机，都是视觉定位技术的典型应用产品。

本任务要求学生从边缘检测、特征定位、直线定位、组合定位等方面了解视觉定位技术，知识与技能要求如表 2-7 所示。

表 2-7　知识与技能要求

任务内容	应用视觉定位技术	学习程度		
		识记	理解	应用
学习任务	边缘检测	●		
	特征定位		●	
	直线定位		●	
	组合定位		●	
实训任务	视觉定位手机壳耳机孔			●
自我勉励				

任务工单——应用视觉定位技术

1. 任务描述

学生根据指导教师提出的任务要求并结合实际情况，了解视觉定位技术的相关知识，并对给定工件进行视觉定位。

2. 学生分组

学生以 3～5 人为一组进行分组，各小组选出组长并进行任务分工，将小组概况及分工情况填入表 2-8 中。

表 2-8　小组概况及分工情况

<table>
<tr><td>班级</td><td></td><td>组号</td><td></td><td>指导教师</td><td></td></tr>
<tr><td>小组成员</td><td>姓名</td><td>学号</td><td colspan="3">任务分工</td></tr>
<tr><td>组长</td><td></td><td></td><td colspan="3"></td></tr>
<tr><td rowspan="4">组员</td><td></td><td></td><td colspan="3"></td></tr>
<tr><td></td><td></td><td colspan="3"></td></tr>
<tr><td></td><td></td><td colspan="3"></td></tr>
<tr><td></td><td></td><td colspan="3"></td></tr>
</table>

3. 知识准备

引导问题 1：目前，智能视觉系统所采用的成熟的边缘检测算法有哪些？

引导问题 2：特征定位的一般流程是什么？

引导问题 3：什么是 Hough 变换？Hough 变换的原理是什么？

引导问题 4：组合定位的方式有哪些？

4. 工具和器材准备

各小组查阅相关资料，制订工作规划，并将任务实施过程中所需的工具和器材填入表 2-9 中。

表 2-9 工具和器材清单

序号	名称	型号与规格	单位	数量	备注

5. 制订方案

（1）各小组针对工作规划展开讨论，制订实施方案。

（2）指导教师对各小组的实施方案进行评价。

（3）各小组根据指导教师的评价对实施方案进行调整。

（4）调整合格后的实施方案即最终实施方案。

6. 任务实施

各小组按照最终实施方案，对给定工件进行视觉定位，将实施内容及完成情况填入表 2-10 中，并进行任务总结。

表 2-10　实施内容及完成情况

实施内容	完成情况

表 2-10（续）

任务总结

7. 考核评价

指导教师根据学生的任务完成情况对学生进行评价，学生配合指导教师共同完成如表 2-11 所示的任务考核评价表。

表 2-11　任务考核评价表

<table>
<tr><th rowspan="2">项目名称</th><th rowspan="2" colspan="2">评价内容</th><th rowspan="2">总分/分</th><th colspan="3">评分/分</th></tr>
<tr><th>自评</th><th>互评</th><th>师评</th></tr>
<tr><td rowspan="6">职业素养考核项目（40%）</td><td colspan="2">无迟到、无早退、无旷课</td><td>6</td><td></td><td></td><td></td></tr>
<tr><td colspan="2">仪容仪表符合规范要求</td><td>6</td><td></td><td></td><td></td></tr>
<tr><td colspan="2">具备较强的安全意识与责任意识</td><td>10</td><td></td><td></td><td></td></tr>
<tr><td colspan="2">具备良好的团队合作与交流能力</td><td>6</td><td></td><td></td><td></td></tr>
<tr><td colspan="2">具备较强的纪律执行力</td><td>6</td><td></td><td></td><td></td></tr>
<tr><td colspan="2">保持作业现场卫生</td><td>6</td><td></td><td></td><td></td></tr>
<tr><td rowspan="4">专业能力考核项目（60%）</td><td colspan="2">查找专业知识及时、准确</td><td>12</td><td></td><td></td><td></td></tr>
<tr><td colspan="2">制订方案合理</td><td>18</td><td></td><td></td><td></td></tr>
<tr><td colspan="2">操作熟练，工作效率高</td><td>12</td><td></td><td></td><td></td></tr>
<tr><td colspan="2">正确定位给定工件</td><td>18</td><td></td><td></td><td></td></tr>
<tr><td colspan="3">合计</td><td>100</td><td></td><td></td><td></td></tr>
<tr><td rowspan="2">总评</td><td rowspan="2">自评（20%）＋互评（20%）＋师评（60%）=______</td><td>综合等级</td><td colspan="4" rowspan="2">指导教师(签名)：______________</td></tr>
<tr><td></td></tr>
</table>

视觉定位技术可利用工业相机获取物体的几何形状、外观尺寸、局部特征，并通过数字图像处理技术进行分析和识别，进而确定目标的位置。在工业自动化生产中，视觉定位技术主要有边缘检测、特征定位、直线定位、组合定位等关键技术。

2.2.1　边缘检测

边缘检测是数字图像处理的基本步骤之一，其目的是标识数字图像中颜色变化或亮度变化明显的像素点。这些变化明显的像素点从侧面反映了数字图像的属性发生了重要的改变，主要包含深度上的不连续、表面方向上的不连续、物质属性的改变及场景照明的改变。

边缘检测的基本思想是采用某种算法来提取图像中对象与背景间的交界线。边缘可定义为图像中灰度发生急剧变化的区域边界。灰度的变化情况可用灰度分布的梯度来反映，而图像的梯度则需要借助各种算子对图像进行卷积运算得到。边缘检测的流程如图 2-18 所示。

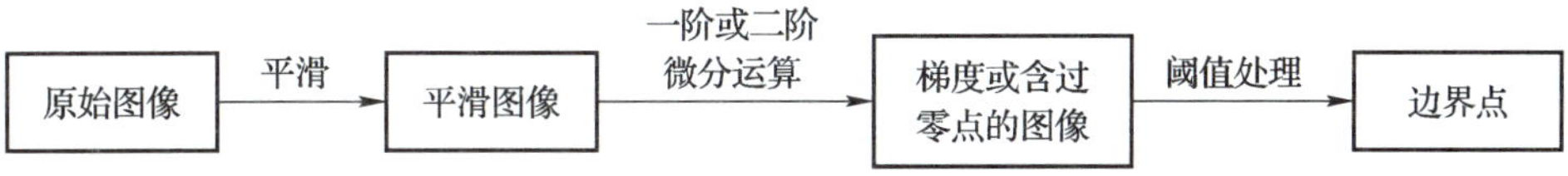

图 2-18　边缘检测的流程

目前，常用的边缘检测方法有 Roberts 算子、Sobel 算子、Prewitt 算子、Laplacian 算子、Canny 算子等。

1. Roberts 算子

Roberts 算子又称交叉微分算子，是一种用于边缘检测的一阶微分算子，其原理是利用局部差分来检测边缘线条。Roberts 算子采用对角线方向相邻像素点的差分近似梯度幅值来检测边缘，常用于处理陡峭的低噪声图像。但 Roberts 算子对边缘定位的精度较低，提取的边缘线条较粗，且容易丢失一部分边缘，不具备抑制噪声的能力。Roberts 算子的边缘检测效果如图 2-19（b）所示。

2. Sobel 算子

Sobel 算子是一种用于边缘检测的一阶差分算子，其原理是利用方向差与局部平均相结合的方法计算边缘线条。Sobel 算子对噪声具有平滑作用，可提供较为精确的边缘方向信息。但由于局部平均的影响，Sobel 算子也会检测出许多伪边缘信息，因此边缘检测精度较低。

Sobel 算子利用上下、左右相邻像素点的灰度加权差在边缘点处达到极值这一现象来检测边缘，适用于对检测精度要求不是很高的场合。Sobel 算子的边缘检测效果如图 2-19（c）所示。

3. Prewitt 算子

Prewitt 算子是一种用于边缘检测的一阶微分算子，其原理是利用特定区域内像素点的灰度值所产生的差分来检测边缘。Prewitt 算子通过平均像素来抑制噪声，常用于处理噪声较多、灰度渐变的图像。但 Prewitt 算子不适用于检测非垂直和非水平边缘。Prewitt 算子的边缘检测效果如图 2-19（d）所示。

4. Laplacian 算子

Laplacian 算子是一种用于边缘检测的二阶微分算子，其原理是利用灰度差计算相邻像素点的灰度值，即运用 Laplacian 算子判断图像中心像素点的灰度值与其周围其他像素点的灰度值的大小。如果中心像素点的灰度值较大，则增大中心像素点的灰度值；反之，则减小中心像素点的灰度值，从而实现图像边缘检测。Laplacian 算子对噪声极其敏感，对图像中的阶跃型边缘点定位准确，因此检测时会出现一部分不连续的边缘。Laplacian 算子常用于判断边缘像素位于图像的明区还是暗区，而很少用于边缘检测。Laplacian 算子的边缘检测效果如图 2-19（e）所示。

5. Canny 算子

Canny 算子是一种用于边缘检测的二阶差分算子，其原理是估计每一个点的边缘强度与方向，并将梯度幅值大于阈值的点标记为边缘。Canny 算子是对 Sobel 算子、Prewitt 算子的进一步优化。它既保留了二阶差分算子检测边缘的精确性和便利性，又使检测边缘的轮廓更加清晰，是数字图像处理领域最常用的算法之一。Canny 算子的边缘检测效果如图 2-19（f）所示。

（a）原始图像

（b）Roberts 算子的边缘检测效果

（c）Sobel 算子的边缘检测效果

（d）Prewitt 算子的边缘检测效果

（e）Laplacian 算子的边缘检测效果　　（f）Canny 算子的边缘检测效果

图 2-19　不同算子的边缘检测效果

2.2.2　特征定位

图像特征是指图像的原始特性或属性，是一幅图像区别于另一幅图像的基本信息。当通过图像分割获得特定区域后，就需要使用图像特征作为判断和选择的依据。一般来说，图像特征可分为视觉特征和统计特征两类。视觉特征即图像本身所包含的一些信息，如图像的大小、色彩分布、轮廓、边缘、梯度、纹理等信息。统计特征即后期对图像进行分析、处理所得到的信息，如灰度直方图、矩特征等。

特征定位的一般流程如图 2-20 所示。下面以轮廓特征定位为例进行介绍。

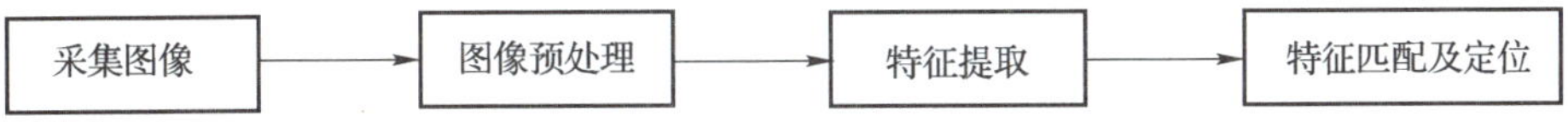

图 2-20　特征定位的一般流程

轮廓是由一系列相连的点构成的曲线，代表了物体的基本外形，与边缘相比，轮廓是连续的。轮廓特征定位是智能视觉系统中最常用的目标定位方法之一，其原理是在搜索区域内，根据目标模板与待测图像轮廓特征的相似度来定位目标所在的位置。为了提高轮廓特征定位的准确性，输入的图像应为二进制图像。因此，在进行轮廓特征定位前，需要使用阈值或 Canny 算子进行边缘检测，以生成二进制图像。轮廓特征定位前后的图像效果对比如图 2-21 所示。

（a）原始图像　　（b）轮廓特征定位后的图像

图 2-21　轮廓特征定位前后的图像效果对比

行业资讯

华为河图融合了 3D 高精度地图技术、全场景空间计算技术、超逼真的虚实融合渲染技术，具有较强的环境理解能力。在端管云融合的 5G 架构下，华为河图可实现地球级虚实融合世界的构建与服务功能。

华为河图致力于打造地球级的、不断演进的、与现实无缝融合的数字新世界。华为河图所运用的全场景空间计算技术，可获得厘米级空间定位及 1°以内的高精度位置信息，真正实现了物理世界与现实生活的无缝融合。

据相关负责人介绍，华为河图将在旅游景点、博物馆、智慧园区、机场、高铁站、商业空间等场地为游客提供服务。例如，敦煌莫高窟结合华为河图的厘米级空间定位、虚实融合渲染等技术，创造了一个虚拟孪生世界，实现了敦煌壁画飞天艺术的广泛传播。如图 2-22 所示为采用华为河图技术复刻的 3D 版九色鹿。

图 2-22　采用华为河图技术复刻的 3D 版九色鹿

2.2.3　直线定位

工业场景中的工件大多由直线构成，直线定位可将待测工件从背景区域中分割出来，以消除背景因素的干扰。例如，一些线状的划痕，往往可近似为一条直线，因此可采用直线定位的方法对其进行检测；工业仪表的指针类似线状，也可采用直线定位的方法对其进行检测。此外，直线定位还可应用于车道线检测、长度测量等领域。在智能视觉系统中，常用的直线定位算法为 Hough 变换。

Hough 变换是从图像中识别几何特征的有效方法，是一种从图像空间到参数空间的映射。Hough 变换的原理是将原始图像空间的给定曲线转换为参数空间上的一个点，从而将识别整体特征转换为识别局部特征。为了提高 Hough 变换的效率和准确率，在使用该算法前，需要对图像进行边缘检测，以生成边缘二值图像。

Hough 变换的抗干扰能力强，受噪声和曲线间断的影响较小，可快速获得边界曲线。但 Hough 变换的时间复杂度和空间复杂度较高，并且在直线定位过程中只能确定直线的方向，不能确定直线的长度。通过 Hough 变换进行直线定位前后的图像对比如图 2-23 所示。

（a）原始图像　　（b）Hough 变换后的图像

图 2-23　通过 Hough 变换进行直线定位前后的图像对比

知识拓展

Hough 变换是常用的图像处理技术，不仅可定位图像中的直线，还可定位图像中的圆。通过 Hough 变换进行圆定位的原理是将图像中的每个像素点都转换为极坐标系下的曲线，在极坐标系下寻找圆的焦点，从而确定圆心和半径。通过 Hough 变换进行圆定位时，也需要对图像进行边缘检测，以生成边缘二值图像。通过 Hough 变换进行圆定位前后的图像对比如图 2-24 所示。

（a）原始图像　　（b）Hough 变换后的图像

图 2-24　通过 Hough 变换进行圆定位前后的图像对比

2.2.4　组合定位

组合定位是指将边缘检测、特征定位、直线定位等多种定位技术组合在一起实现的目标定位。在智能视觉系统中，组合定位的方式有两种：一是顺序组合定位，即按一定顺序执行多个定位任务，直到完成全部定位任务为止；二是特定组合定位，即当通过一种定位技术无法完成定位任务时，需要组合其他定位技术共同完成定位任务，这种方式多用于检测目标定位较复杂的情况。

太阳能电池片的质量检测就是组合定位技术的实际运用。太阳能电池片的质量是影响太阳能电池组件发电效率的主要因素之一，因此对太阳能电池片质量的检测是生产中必不可少的一个环节。组合定位技术可用于太阳能电池片的多个生产环节，如抓取太阳能电池片进行上下料、再加工，检查太阳能电池片是否存在崩角，测量栅线的尺寸，以及检测太阳能电池片是否存在露白等环节。太阳能电池片质量检测的场景如图 2-25 所示。

图 2-25　太阳能电池片质量检测的场景

实践操作——视觉定位手机壳耳机孔

1. 背景描述

在手机加工制造领域，需要对手机壳耳机孔进行定位，以确保手机壳耳机孔的加工位置符合要求。传统定位手机壳耳机孔的方法大多依靠人工来完成，这种方法有很多弊端，已无法满足当今社会发展的需要。采用智能视觉技术定位手机壳耳机孔不仅不需要依靠人工就能自动对手机壳耳机孔进行定位，还大大提升了定位精度和工作效率，节省了大量的人力、物力。

2. 实施方案

1）需求描述

（1）检测项目：手机壳耳机孔。

（2）产品材质：铝合金。

（3）产品颜色：亮黑色、深黑色、蓝色、白色。

（4）产品尺寸：2.5 mm、3.5 mm、5 mm。

（5）产品形状：圆形或跑道形。

（6）定位精度：小于 0.015 mm。

（7）检测速度：无特殊要求。

2）选型条件

（1）视野：为确保在拍摄时有充足的冗余空间，视野应选择17 mm×11 mm。

（2）工作距离：100 mm。

（3）工业相机分辨率：根据算法精度（最少 2 像素）和单像素精度（最少 0.015 mm）可得，长边像素数至少为 2 267 个。因此，应选用 500 万像素的工业相机，该工业相机的分辨率为 2 448×2 048。

（4）工业镜头焦距：50 mm。

（5）光源：环形光源。为了兼容手机壳的不同材质、颜色及形状，应采用环形光源正面照射。如果手机壳为镜面反射材质，则需要采用同轴光源照射，这样可凸显表面的不平整。

3）硬件选型

本方案采用视觉定位技术对手机壳耳机孔进行定位，最终选用 500 万像素的工业相机，焦距为 50 mm 的工业镜头，以及配套的环形光源、同轴光源。视觉定位手机壳耳机孔的硬件架设方案如图 2-26 所示。

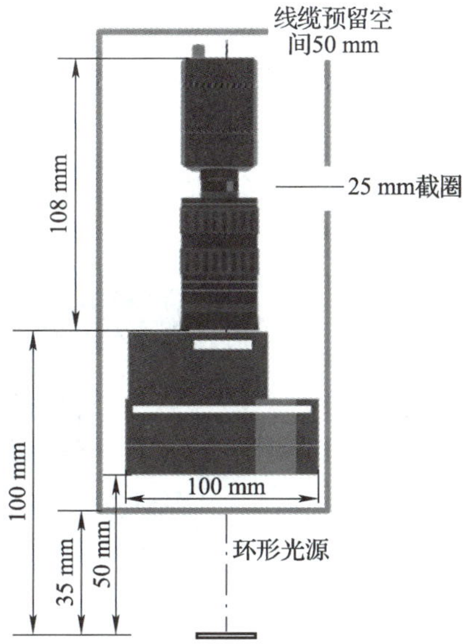

图 2-26　视觉定位手机壳耳机孔的硬件架设方案

4）视觉定位

本方案主要通过静止拍照来实现定位，现场无其他干扰因素，成像效果如图 2-27 所示。本方案采用 VM 算法平台中的定位工具、测量工具进行定位，可获得精确的定位结果。

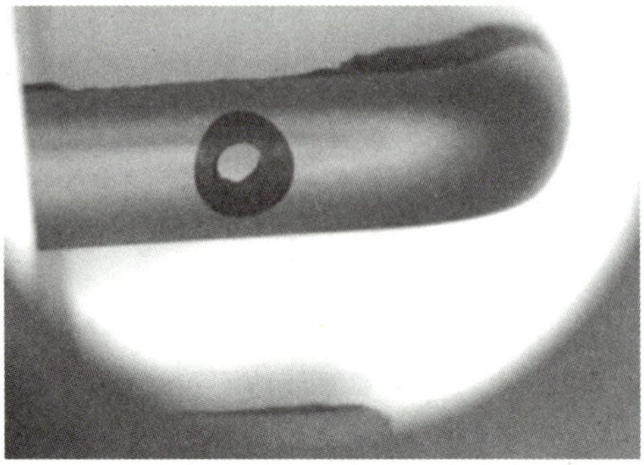

图 2-27　成像效果

提　示

VM 算法平台是一种由杭州海康机器人股份有限公司自主研发，且拥有完全自主产权的智能视觉算法平台。VM 算法平台拥有上千种完全自主研发的图像处理算子与多种交互式开发工具以及强大的可视化编辑功能，无须编程即可快速构建智能视觉系统。

（1）圆形孔位的定位。

① 本方案需要对圆形孔位的中心进行定位，使用 VM 算法平台上的圆查找工具，设置相关的基本参数和运行参数，如图 2-28 所示。

② 观察圆形孔位的特征，圆内灰度值较圆外灰度值小，因此边缘阈值应选择“从黑到白”选项；为避免其他干扰点的影响，边缘类型应选择“最强”选项。设置好参数后执行定位操作，圆形孔位定位效果如图 2-29 所示。

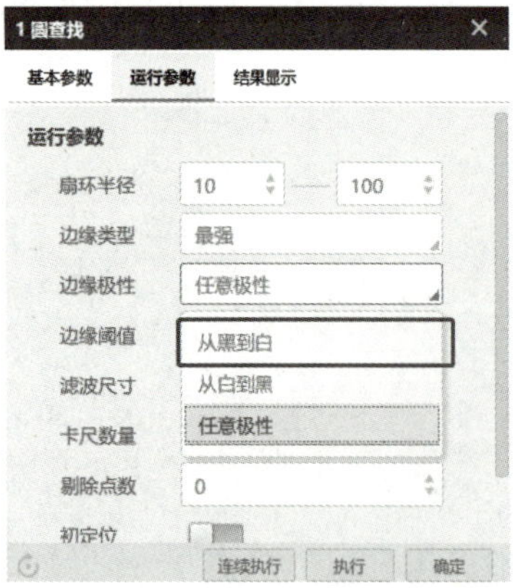

图 2-28　圆查找参数的设置

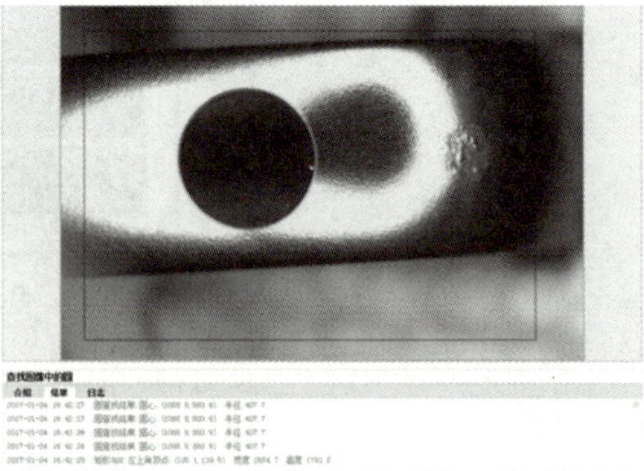

图 2-29　圆形孔位定位效果

③ 完成检测后，通过格式化及发送数据工具将圆心坐标、半径等数据发送至对应设备，如图 2-30 所示。

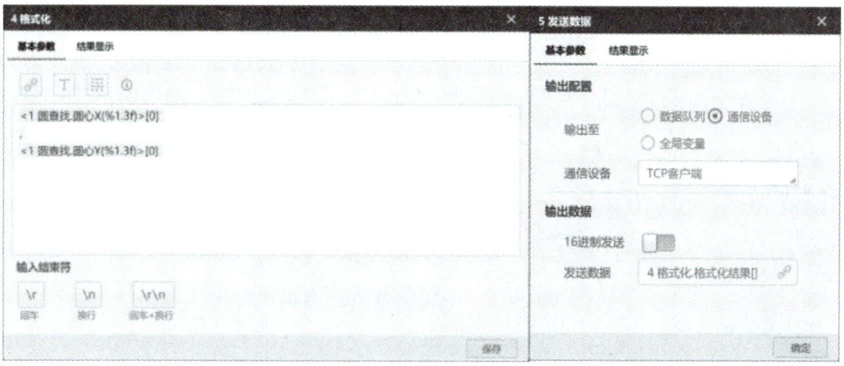

图 2-30　格式化及发送数据

（2）跑道形孔位的定位。

① 使用 VM 算法平台上的圆查找工具，找到跑道形孔位两侧的圆弧，并分别拟合成两个圆。观察两个圆的外侧特征，边缘从内到外为从明到暗再到明，因此边缘阈值应选择“从黑到白”选项，以定位外框圆特征。跑道形孔位的圆查找参数设置与圆形孔位的基本相同。

② 利用点点测量工具找到两个圆的圆心并相连，之后可通过这两点来定位跑道形孔位的中心。点点测量参数的设置如图 2-31 所示。设置好参数后执行定位操作，跑道形孔位定位效果如图 2-32 所示。

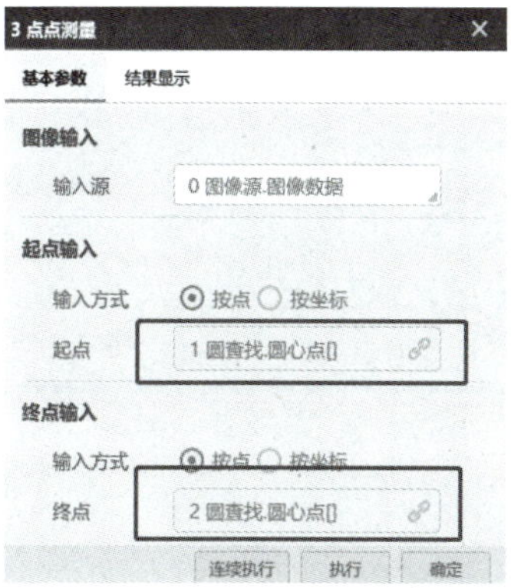

图 2-31　点点测量参数的设置

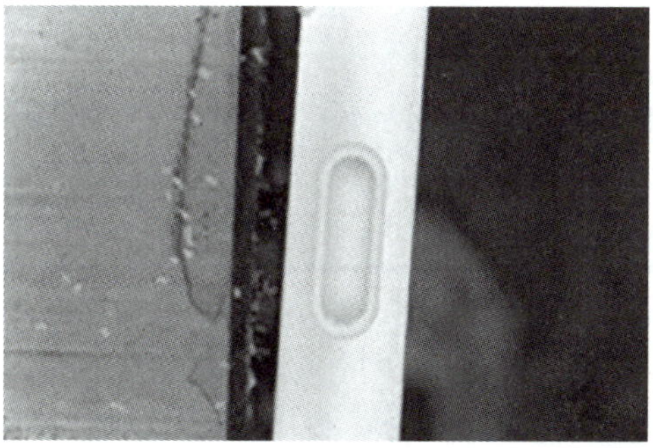

图 2-32　跑道形孔位定位效果

③ 完成检测后，通过格式化及发送数据工具将后续参数数据发送至对应设备，如图 2-33 所示。

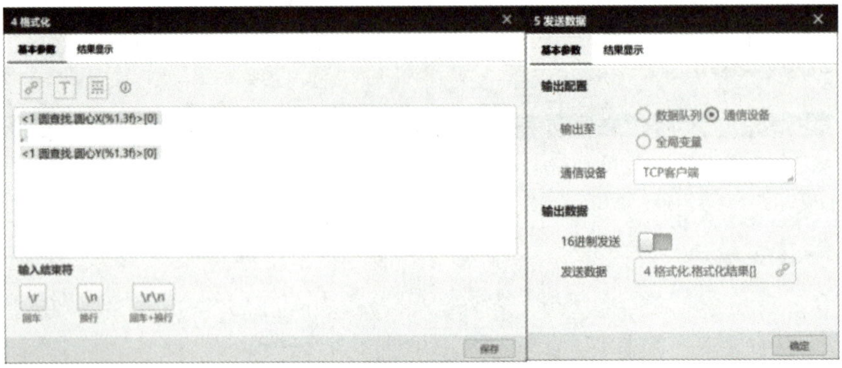

图 2-33　格式化及发送数据

笔 记

任务 2.3　应用视觉测量技术

任务引入

传统的人工测量精度低、误差大、速度慢且测量数据无法及时处理，效率较低，无法满足大规模自动化生产的需要。而视觉测量精度高、实用性好、安全可靠，可有效解决传统人工测量存在的问题。视觉测量是智能视觉技术的基本应用之一，其数据来源主要是智能视觉系统所采集的图像，通过对图像的计算分析得到测量的相关参数。视觉测量所涉及的技术主要有照明成像技术、运动控制技术、自动调焦技术、图像拼接技术等。

视觉测量技术可用于测量物体的各种尺寸参数，如距离测量、圆测量、角度测量、弧线测量、面积测量、计数测量等，不仅提高了生产效率和产品质量，还降低了工人的劳动强度。

本任务要求学生从距离测量、面积测量、计数测量等方面了解视觉测量技术，知识与技能要求如表 2-12 所示。

表 2-12　知识与技能要求

任务内容	应用视觉测量技术	学习程度		
		识记	理解	应用
学习任务	距离测量	●		
	面积测量		●	
	计数测量		●	
实训任务	视觉测量手机后盖尺寸			●
自我勉励				

任务工单——应用视觉测量技术

1．任务描述

学生根据指导教师提出的任务要求并结合实际情况，了解视觉测量技术的相关知识，并对给定工件的尺寸进行视觉测量。

2．学生分组

学生以3～5人为一组进行分组，各小组选出组长并进行任务分工，将小组概况及分工情况填入表2-13中。

表2-13 小组概况及分工情况

班级		组号		指导教师	
小组成员	姓名	学号	任务分工		
组长					
组员					

3．知识准备

引导问题1：什么是视觉测量技术？

引导问题2：距离测量主要有哪两种测量方式？它们各有什么优缺点？

引导问题 3：面积测量的方法主要有哪两种？它们各有什么优缺点？

引导问题 4：视觉测量技术主要应用在哪些领域？

4. 工具和器材准备

各小组查阅相关资料，制订工作规划，并将任务实施过程中所需的工具和器材填入表 2-14 中。

表 2-14 工具和器材清单

序号	名称	型号与规格	单位	数量	备注

5. 制订方案

（1）各小组针对工作规划展开讨论，制订实施方案。

（2）指导教师对各小组的实施方案进行评价。

（3）各小组根据指导教师的评价对实施方案进行调整。

（4）调整合格后的实施方案即最终实施方案。

6. 任务实施

各小组按照最终实施方案，对给定工件的尺寸进行视觉测量，将实施内容及完成情况填入表 2-15 中，并进行任务总结。

表 2-15　实施内容及完成情况

实施内容	完成情况

表 2-15（续）

任务总结

7. 考核评价

指导教师根据学生的任务完成情况对学生进行评价，学生配合指导教师共同完成如表 2-16 所示的任务考核评价表。

表 2-16 任务考核评价表

<table>
<tr><th rowspan="2">项目名称</th><th rowspan="2">评价内容</th><th rowspan="2">总分/分</th><th colspan="3">评分/分</th></tr>
<tr><th>自评</th><th>互评</th><th>师评</th></tr>
<tr><td rowspan="6">职业素养考核项目（40%）</td><td>无迟到、无早退、无旷课</td><td>6</td><td></td><td></td><td></td></tr>
<tr><td>仪容仪表符合规范要求</td><td>6</td><td></td><td></td><td></td></tr>
<tr><td>具备较强的安全意识与责任意识</td><td>10</td><td></td><td></td><td></td></tr>
<tr><td>具备良好的团队合作与交流能力</td><td>6</td><td></td><td></td><td></td></tr>
<tr><td>具备较强的纪律执行力</td><td>6</td><td></td><td></td><td></td></tr>
<tr><td>保持作业现场卫生</td><td>6</td><td></td><td></td><td></td></tr>
<tr><td rowspan="4">专业能力考核项目（60%）</td><td>查找专业知识及时、准确</td><td>12</td><td></td><td></td><td></td></tr>
<tr><td>制订方案合理</td><td>18</td><td></td><td></td><td></td></tr>
<tr><td>操作熟练，工作效率高</td><td>12</td><td></td><td></td><td></td></tr>
<tr><td>正确测量给定工件的尺寸</td><td>18</td><td></td><td></td><td></td></tr>
<tr><td colspan="2">合计</td><td>100</td><td></td><td></td><td></td></tr>
<tr><td>总评</td><td>自评（20%）+互评（20%）+师评（60%）=_____</td><td>综合等级

</td><td colspan="3">指导教师(签名)：__________</td></tr>
</table>

视觉测量技术将图像作为检测和传递信息的手段或载体，从图像中提取有用的信息，通过处理被测图像获得所需的各种参数。视觉测量技术采用先进的亚像素级物体曲面扫描方法，能够自动测量产品的外形轮廓、孔径、高度、面积等。与传统的测量技术相比，视觉测量技术具有非接触、动态检测、高精度、高度自动化等特点，可同时对多个参数进行测量且测量精度可达到微米级以上，已广泛应用于工业、军事、医学等领域。

扫码学习

视觉测量技术的特点和应用

2.3.1　距离测量

距离测量是一种在智能视觉领域应用较广泛的技术方法，其原理是对用于定位距离的两条直线进行识别和拟合，获得直线方程后，根据数学方法计算两线间的距离。距离测量主要有单目测距、双目测距等方式。

单目测距首先通过图像匹配进行目标检测，再通过目标在图像中的大小估算目标距离。单目测距结构简单、运算速度快，产生的误差可通过后期算法进行调整，具有广阔的应用前景。

双目测距首先通过两幅图像的视差得到目标距离，再通过目标检测算法对图像进行处理。双目测距计算难度较大、特征点匹配困难，严重影响了测量的精度和速度。

行业资讯

无人驾驶技术是依靠计算机与人工智能技术，在没有人为操纵的情况下，独立完成安全、有效驾驶的一项前沿科技。它融合了传感器、计算机、导航定位、模式识别、智能视觉等技术。视觉测量技术在无人驾驶技术中发挥着重要作用，主要用于视觉定位、目标追踪、视觉避障等。

图 2-34　无人驾驶小巴

近年来，我国无人驾驶技术发展迅速。2015 年 12 月，某公司无人驾驶汽车在国内首次实现城市、环路及高速道路混合路况下的全自动驾驶；2018 年 7 月，该公司与厦门某客车公司合作生产的全球首款 L4 级自动驾驶巴士量产下线，是一辆完全意义上的无人驾驶汽车；2022 年，位于广州国际生物岛的无人驾驶小巴（见图 2-34），已正式开放运营，为市民提供了无人驾驶微循环公交服务。

2.3.2 面积测量

物体的面积只与该物体在图像中的边界有关，与其内部灰度的变化无关。因此，在面对较复杂的场景时，首先需要对图像进行分割，提取感兴趣区后，再进行面积测量。面积测量的方法主要有基于区域标记的面积测量和基于轮廓向量的面积测量两种。

基于区域标记的面积测量是指已知图像中待测物体的所在区域，从而计算待测物体所在区域的像素点个数，最终得到待测物体的面积。

基于轮廓向量的面积测量是指在感兴趣区的轮廓向量已知的情况下，用外轮廓所包含的面积减去其内部各个轮廓所包含的面积，进而计算出具有任意形状的每个感兴趣区的面积。

与基于区域标记的面积测量相比，基于轮廓向量的面积测量运算速度较快，主要针对轮廓面积进行计算，不需要记录每个连通域的信息。在测量效果方面，基于轮廓向量的面积测量准确性和稳定性较高，是一种比较有效的面积测量方法。

头脑风暴

目前，市面上很多手机都具有 AR（augment reality, 增强现实）测距功能，它通过系统的自动识别，对物体的尺寸进行同步测算，操作便捷、数据准确。通过 AR 测距可进行直线测量、面积测量、体积测量等。请学生在课后使用手机，验证一下手机中的 AR 测距功能。AR 测距前后的图像效果对比如图 2-35 所示。

图 2-35 AR 测距前后的图像效果对比

面积测量的原理是基于一个连通的封闭区域进行像素点的个数统计，因此需要通过形态学处理和连通域处理来获得连通域。

形态学处理是指使用一定形态的结构元素从图像中提取对应的形态，以便对图像进行分析和识别。形态学处理可简化图像数据，维持图像基本的形态特征，消除不相干的结构信息。形态学处理常用的方法有形态膨胀、侵蚀、闭合、开启等。

连通域处理主要是处理二值图像。一幅二值图像包含许多区域，可通过对比它们的属性值，来判断它们之间是否存在连通性，并将相邻的具有相同属性值的像素点标记出来，以获得连通域。

2.3.3　计数测量

计数测量一般包含图像采集、图像预处理、图像分割、特征选择、几何拟合、计数等步骤。其中，图像分割技术是视觉测量技术中最关键的技术之一。图像分割的主要任务是将图像中需要计数的物体从背景中分离出来，并将所有的物体都分成单个目标。计数测量效率较高，有效克服了传统计数方式效率低、误点率高等问题，满足了现代化工厂的生产需求，已广泛应用于食品包装、医疗、制药、公共安全等领域。

行业资讯

全自动数粒机（见图 2-36）采用高速线阵相机扫描识别物体，利用高速处理芯片完成图像实时处理，能快速准确地计算出物体的数量。该设备适用于各种五金、塑胶、电子、农业种子、糖果、药片等产品的包装，用来取代传统人工计数和称重计数，具有高速、高效、灵活、智能等特点，可极大地提高计数作业的准确性和易操作性。

图 2-36　全自动数粒机

实践操作——视觉测量手机后盖尺寸

1. 背景描述

在手机加工制造领域，需要对手机后盖尺寸进行测量，以确保手机后盖的加工位置符合要求。传统测量手机后盖尺寸的方法大多依靠人工来完成，这种方法效率较低、误差较大、成本较高。采用智能视觉技术测量手机后盖尺寸不仅不需要依靠人工就能自动对手机后盖尺寸进行测量，还能提高测量精度和效率，应用前景非常广阔。

2. 实施方案

1）需求描述

（1）检测项目：手机后盖尺寸。

（2）产品材质：金属、玻璃。

（3）产品尺寸：2～700 mm。

（4）测量精度：0.1 mm。

（5）检测速度：无特殊要求。

2）选型条件

（1）视野：为确保在拍摄时有充足的冗余空间，视野应选择 700 mm × 500 mm 。

（2）工作距离：小于 400 mm。如果采用单相机进行测量，则视野将无法满足要求。因此，应选择双相机进行测量。

（3）工业相机分辨率：根据算法精度（最少 3 像素）和单像素精度（最少 0.05 mm）可得，横向像素数至少为 2 100 个。因此，应选用 500 万像素的工业相机，该工业相机的分辨率为 2 448 × 2 048 。

（4）工业镜头焦距：12 mm。

（5）光源：白色背光源。

3）硬件选型

本方案采用视觉测量技术对手机后盖尺寸进行测量，最终选用两个 500 万像素的工业相机，焦距为 12 mm 的工业镜头，以及配套的白色背光源。视觉测量手机后盖尺寸的硬件架设方案如图 2-37 所示。

4）视觉测量

手机后盖通过传送带传送，现场无其他干扰因素，成像效果如图 2-38 所示。本方案采用 VM 算法平台中的标定板工具对双相机进行标定，可获得准确的测量结果。

（1）本方案需要测量手机后盖对角线的长度，因此需要选择双相机分别拍摄两个对角。首先，将双相机标定在同一坐标系中；然后，分别找到对应的角点；接着，对标定结果进行坐标转换等操作；最后，在标定板内选择参数进行生成，如图 2-39 所示。

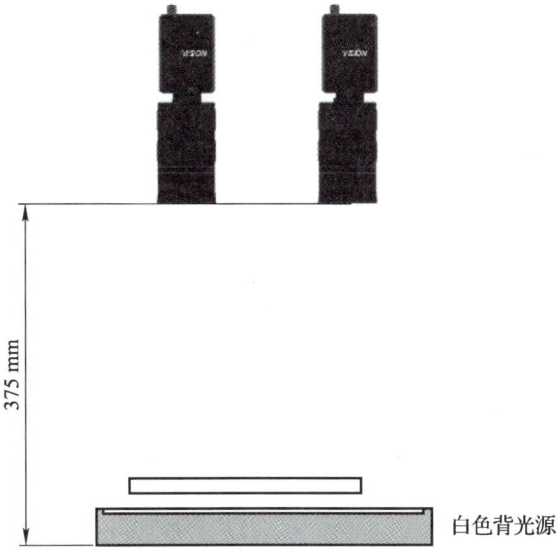

图 2-37　视觉测量手机后盖尺寸的硬件架设方案

图 2-38　成像效果

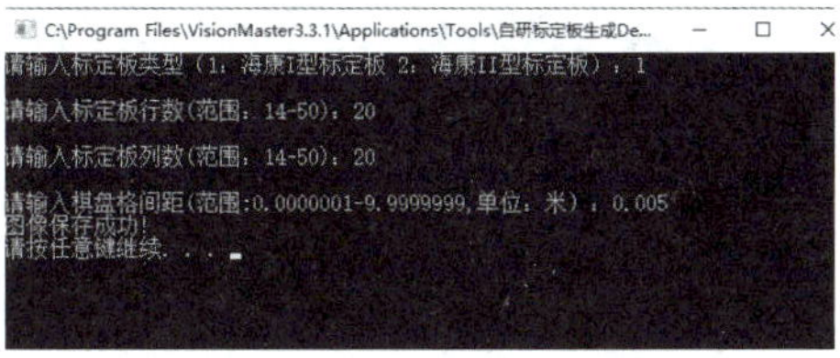

图 2-39　标定板的生成

（2）使用双相机对同一个标定板进行拍照并标定，可获得双相机分别相对于标定板的位置，进而可获得双相机拍摄的标定图片，如图 2-40 所示。

（a）左相机拍摄的标定图片　　（b）右相机拍摄的标定图片

图 2-40　双相机拍摄的标定图片

（3）在双相机标定过程中需要注意标定板的类型，要与生成时的标定板类型保持一致。标定板标定参数的设置如图 2-41 所示。

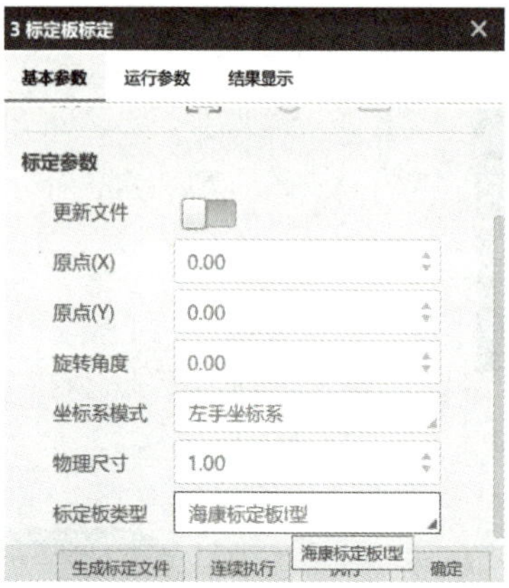

图 2-41　标定板标定参数的设置

（4）使用 VM 算法平台内置的边缘交点工具，将感兴趣区分别放在相交的两条边缘上，并选择对应的阈值等参数。如图 2-42 所示为边缘交点检测效果，图中根据感兴趣区的箭头方向分别选择边缘 1 从白到黑，边缘 2 从黑到白。

图 2-42　边缘交点检测效果

（5）先通过标定转换工具对边缘交点进行坐标转换，然后使用点点测量工具对两个角点的数据进行运算。至此，整个视觉测量手机后盖尺寸的流程结束。

笔记

学习成果检验

1. 填空题

（1）数字图像按其像素所包含信息的不同，可分为＿＿＿＿＿＿、＿＿＿＿＿＿、＿＿＿＿＿＿、＿＿＿＿＿＿等。

（2）二值图像的灰度值只有 0 和 1，一般用 0 表示＿＿＿＿＿，用 1 表示＿＿＿＿＿。

（3）采样是＿＿＿＿＿＿＿＿＿＿＿＿＿＿＿＿＿＿＿＿＿＿＿＿＿＿＿。对于同一幅图像，采样间隔越小，所得到的像素数就越＿＿＿＿＿，空间分辨率就越＿＿＿＿＿，图像也就越＿＿＿＿＿。

（4）直方图均衡化是一种图像增强技术，其实质是通过改变图像的直方图来改变图像中各像素点的灰度值，从而改善图像的＿＿＿＿＿＿。

2. 选择题

（1）灰度图像是指每个像素点为不同深度的灰色或黑白两色的图像。灰度图像的灰度值在 0～255 之间。其中，0 表示＿＿＿＿。

A．黑色　　B．白色　　C．红色　　D．蓝色

（2）数字图像的＿＿＿＿。

A．空间坐标离散，灰度连续　　B．空间坐标连续，灰度离散

C．空间坐标和灰度都是连续的　　D．空间坐标和灰度都是离散的

（3）下列不属于图像增强技术的是＿＿＿＿。

A．灰度变换　　B．几何变换

C．直方图均衡化　　D．图像滤波

（4）边缘检测的流程为＿＿＿＿。

A．原始图像-梯度或含过零点的图像-平滑图像-边界点

B．原始图像-平滑图像-梯度或含过零点的图像-边界点

C．采集图像-平滑图像-图像识别-边界点

D．平滑图像-图像建模-图像识别-图像分割-边界点

3. 简答题

（1）在图像采样的过程中应如何提高图像质量？

（2）什么是图像的量化？

（3）距离测量的原理是什么？

学习成果评价

指导教师根据学生的项目学习成果对其进行评价，学生配合指导老师共同完成如表2-17所示的学习成果评价表。

表2-17　学习成果评价表

<table>
<tr><td>班级</td><td></td><td>组号</td><td></td><td>日期</td><td></td></tr>
<tr><td>姓名</td><td></td><td>学号</td><td></td><td>指导教师</td><td></td></tr>
<tr><td>项目名称</td><td colspan="5">数字图像处理技术</td></tr>
<tr><td>评价项目</td><td colspan="2">评价内容</td><td>评价方式</td><td>满分/分</td><td>评分/分</td></tr>
<tr><td rowspan="10">知识
（40%）</td><td colspan="2">数字图像概述</td><td rowspan="10">理论测试</td><td>4</td><td></td></tr>
<tr><td colspan="2">数字图像处理与识别</td><td>4</td><td></td></tr>
<tr><td colspan="2">图像预处理技术</td><td>4</td><td></td></tr>
<tr><td colspan="2">边缘检测</td><td>4</td><td></td></tr>
<tr><td colspan="2">特征定位</td><td>4</td><td></td></tr>
<tr><td colspan="2">直线定位</td><td>4</td><td></td></tr>
<tr><td colspan="2">组合定位</td><td>4</td><td></td></tr>
<tr><td colspan="2">距离测量</td><td>4</td><td></td></tr>
<tr><td colspan="2">面积测量</td><td>4</td><td></td></tr>
<tr><td colspan="2">计数测量</td><td>4</td><td></td></tr>
<tr><td rowspan="3">技能
（40%）</td><td colspan="2">预处理给定图像</td><td rowspan="3">实践操作</td><td>13</td><td></td></tr>
<tr><td colspan="2">视觉定位手机壳耳机孔</td><td>14</td><td></td></tr>
<tr><td colspan="2">视觉测量手机后盖尺寸</td><td>13</td><td></td></tr>
<tr><td rowspan="5">素养
（20%）</td><td colspan="2">积极参加教学活动，主动学习、思考、讨论</td><td rowspan="5">综合评判</td><td>4</td><td></td></tr>
<tr><td colspan="2">认真负责，按时完成学习、实践任务</td><td>4</td><td></td></tr>
<tr><td colspan="2">团结协作，与组员之间密切配合</td><td>4</td><td></td></tr>
<tr><td colspan="2">服从指挥，遵守课堂和实训室纪律</td><td>4</td><td></td></tr>
<tr><td colspan="2">守正创新，自信自强</td><td>4</td><td></td></tr>
<tr><td colspan="4">合计</td><td>100</td><td></td></tr>
<tr><td>自我评价</td><td colspan="5"></td></tr>
<tr><td>指导教师评价</td><td colspan="5"></td></tr>
</table>

项目 3 深度学习与卷积神经网络

项目导读

传统图像处理技术大多依靠人工来提取特征，这种方式只能获取图像的边缘信息，无法获取图像的深层次信息。深度学习（deep learning, DL）不仅不需要依靠人工来提取特征，还能自动对数据进行筛选。目前，深度学习已广泛应用于自动驾驶、交通安全、医疗等各个领域，并衍生出了很多模型，卷积神经网络（convolutional neural network, CNN）就是其中之一。

本项目主要介绍深度学习和卷积神经网络的结构、原理等。通过本项目的学习，学生应对深度学习与卷积神经网络有一定的了解，并具备一定的应用能力。

项目目标

【知识目标】

- 掌握深度学习的结构及原理。
- 熟悉人工神经元模型，激活函数的概念及类型，以及前向传播和反向传播的概念及结构。
- 掌握深度学习在智能视觉领域的应用。
- 掌握卷积神经网络的结构及原理。
- 掌握卷积神经网络模型。

【技能目标】

- 能正确应用深度学习。
- 能正确应用卷积神经网络。

【素质目标】

- 践行服务集体、服从纪律、团结协作、顾全大局的团队精神。
- 弘扬执着专注、科学严谨、精益求精、追求卓越的工匠精神。

任务 3.1　了解深度学习

任务引入

在人工智能快速发展的今天，深度学习已成为实现智能化的重要工具。深度学习是目前比较流行的一种机器学习技术，是一种基于神经网络的算法。它可自动学习和理解数据中的特征，并通过大量的数据来优化模型，还可帮助计算机进行图像识别、自然语言处理等。例如，它可识别图像中的人脸和物体，并自动进行分类和标注；它可帮助计算机进行语音识别和自然语言理解，从而实现语音翻译、人工智能对话等功能。

本任务要求学生从深度学习的结构、原理，以及深度学习在智能视觉领域的应用等方面了解深度学习，知识与技能要求如表 3-1 所示。

表 3-1　知识与技能要求

	了解深度学习	学习程度		
		识记	理解	应用
任务内容	深度学习的结构	●		
	深度学习的基础	●		
	深度学习的原理		●	
	深度学习在智能视觉领域的应用		●	
实训任务	探索深度学习在排水管道缺陷检测中的应用			●
自我勉励				

任务工单——探索深度学习在智能视觉领域的应用

1. 任务描述

学生根据指导教师提出的任务要求并结合实际情况，在了解深度学习的结构和原理的基础上，探索深度学习在智能视觉领域的应用。

2. 学生分组

学生以3～5人为一组进行分组，各小组选出组长并进行任务分工，将小组概况及分工情况填入表3-2中。

表3-2 小组概况及分工情况

班级		组号		指导教师	
小组成员	姓名	学号	任务分工		
组长					
组员					

3. 知识准备

引导问题1：什么是深度学习？深度学习有什么优势？

引导问题2：简述深度学习的结构。

引导问题 3：什么是激活函数？常用的激活函数有哪些？

引导问题 4：深度学习在智能视觉领域主要有哪些方面的应用？

4. 工具和器材准备

各小组查阅相关资料，制订工作规划，并将任务实施过程中所需的工具和器材填入表 3-3 中。

表 3-3 工具和器材清单

序号	名称	型号与规格	单位	数量	备注

5. 制订方案

（1）各小组针对工作规划展开讨论，制订实施方案。

（2）指导教师对各小组的实施方案进行评价。

（3）各小组根据指导教师的评价对实施方案进行调整。

（4）调整合格后的实施方案即最终实施方案。

6. 任务实施

各小组按照最终实施方案，探索深度学习在智能视觉领域的应用，将实施内容及完成情况填入表 3-4 中，并进行任务总结。

表 3-4 实施内容及完成情况

实施内容	完成情况

表 3-4（续）

任务总结

7. 考核评价

指导教师根据学生的任务完成情况对学生进行评价，学生配合指导教师共同完成如表 3-5 所示的任务考核评价表。

表 3-5 任务考核评价表

<table>
<tr><th rowspan="2">项目名称</th><th rowspan="2" colspan="2">评价内容</th><th rowspan="2">总分/分</th><th colspan="3">评分/分</th></tr>
<tr><th>自评</th><th>互评</th><th>师评</th></tr>
<tr><td rowspan="6">职业素养考核项目（40%）</td><td colspan="2">无迟到、无早退、无旷课</td><td>6</td><td></td><td></td><td></td></tr>
<tr><td colspan="2">仪容仪表符合规范要求</td><td>6</td><td></td><td></td><td></td></tr>
<tr><td colspan="2">具备较强的安全意识与责任意识</td><td>10</td><td></td><td></td><td></td></tr>
<tr><td colspan="2">具备良好的团队合作与交流能力</td><td>6</td><td></td><td></td><td></td></tr>
<tr><td colspan="2">具备较强的纪律执行力</td><td>6</td><td></td><td></td><td></td></tr>
<tr><td colspan="2">保持作业现场卫生</td><td>6</td><td></td><td></td><td></td></tr>
<tr><td rowspan="4">专业能力考核项目（60%）</td><td colspan="2">查找专业知识及时、准确</td><td>12</td><td></td><td></td><td></td></tr>
<tr><td colspan="2">制订方案合理</td><td>18</td><td></td><td></td><td></td></tr>
<tr><td colspan="2">操作熟练，工作效率高</td><td>12</td><td></td><td></td><td></td></tr>
<tr><td colspan="2">正确应用深度学习</td><td>18</td><td></td><td></td><td></td></tr>
<tr><td colspan="3">合计</td><td>100</td><td></td><td></td><td></td></tr>
<tr><td rowspan="2">总评</td><td rowspan="2">自评（20%）+互评（20%）+师评（60%）=_____</td><td>综合等级</td><td rowspan="2" colspan="4">指导教师(签名)：______________</td></tr>
<tr><td></td></tr>
</table>

机器学习（machine learning, ML）是指通过计算技术优化模型参数的技术。它可从海量数据中获取有效信息，从而使模型的行为反映数据或经验。

深度学习是机器学习的一个子集，是指通过深层神经网络或其他深层结构函数学习特征表示或分类函数的技术，主要用于学习样本数据的内在规律和表示层次。深度学习能有效识别文字、图像、声音等信息，是机器学习领域的重要研究方向之一。与机器学习中的其他分支技术相比，深度学习不仅减少了特征提取的过程，节约了时间，还提高了分类精度。

3.1.1　深度学习概述

扫码学习

什么是深度学习

1. 深度学习的结构

深度学习是神经网络的纵向延伸，具有比神经网络更复杂的结构及优化算法。深度学习是一种由输入层、隐层和输出层构成的多层网络，其结构如图 3-1 所示。

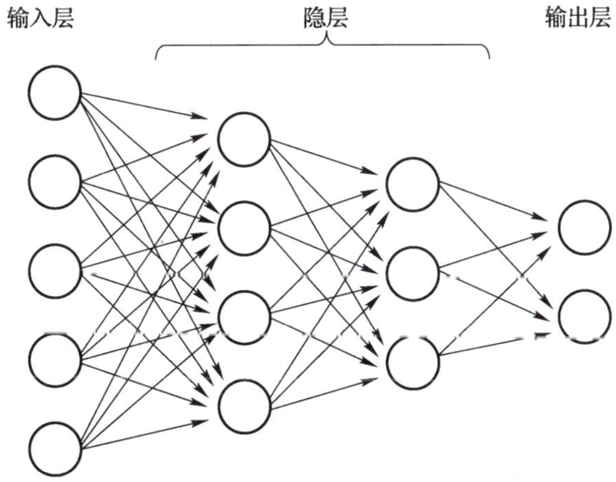

图 3-1　深度学习的结构

- **输入层**：一种从外部源接收信号的人工神经元层。它主要用于获取信息，可对样本数据进行归一化处理，并将数据信息传递给隐层。
- **隐层**：一种不直接和外部系统通信的人工神经元层。它主要用于提取特征、调整权重，使隐层中的人工神经元对某种识别模式产生反应。
- **输出层**：一种把信号传送给外部系统的人工神经元层。它主要用于对接隐层并输出识别结果。

提　示

人工神经元是指神经网络中具有几个输入和一个输出的本原处理单元，其输出值是一种非线性函数。每个人工神经元都是神经网络的一个结点。

2. 深度学习的基础

1）人工神经元模型

1943 年，科学家沃伦·麦卡洛克和沃尔特·皮茨首先提出了一种人工神经元模型，即麦卡洛克-皮茨模型，如图 3-2 所示。

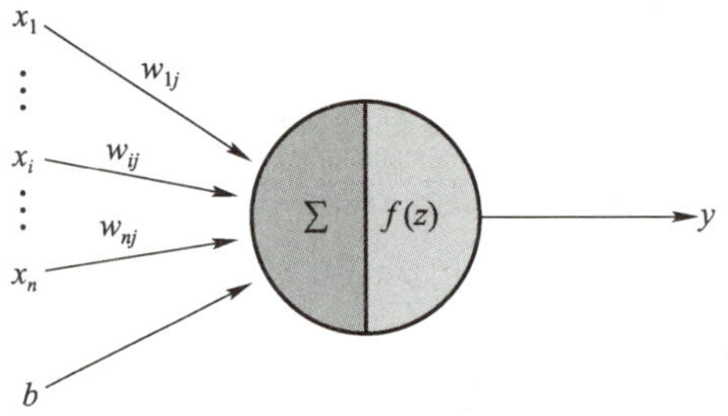

图 3-2　麦卡洛克-皮茨模型

在麦卡洛克-皮茨模型中，多个输入 x_i 对应一个输出 y。每个输入 x_i 乘以相应的权重 w_{ij}，然后相加得到 $z=\sum_{i=1}^{n} w_{ij}x_i+b$。

麦卡洛克-皮茨模型的表达式为

$$y=f(\sum_{i=1}^{n} w_{ij}x_i+b)=f(z)$$

提　示

（1）人工神经元在传递信息时，需要乘以一个系数，该系数称为权重，又称连接权重或连接强度，一般用 w 表示。

（2）偏置是指基于参考值的系统性偏差，它是为了使神经网络能表示更多的函数而添加的常数项，一般用 b 表示。偏置既可在输入层之前添加，又可在隐层中添加。

2）激活函数

激活函数是指基于人工神经元输入值和当前权重来计算人工神经元输出值的函数。激活函数不会改变输入特征的维度，只决定传递信号及要传送给下一个人工神经元的内容。激活函数是一种非线性函数，其中常用的有 Sigmoid、Tanh、ReLU、Leaky-ReLU 等，如图 3-3 所示。激活函数增加了非线性因素，从一定程度上解决了线性模型表达能力不足的问题，提高了神经网络的学习能力和表达能力。

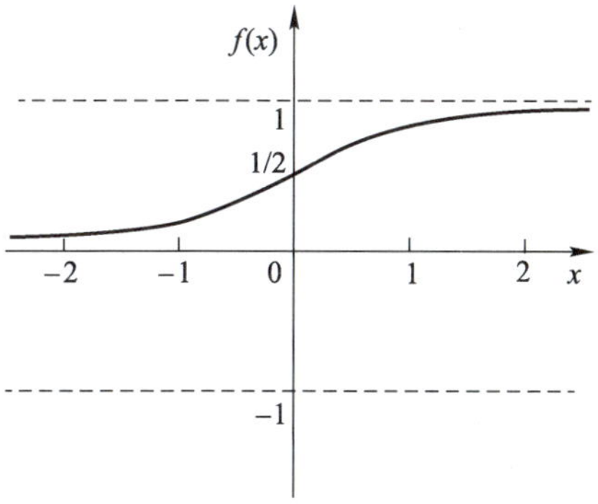

（a）Sigmoid

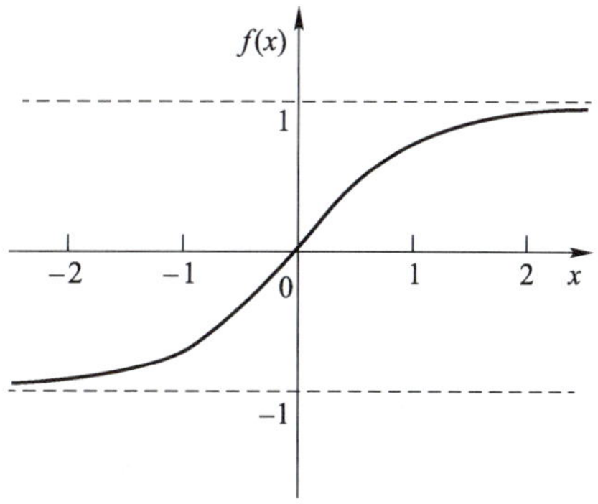

（b）Tanh

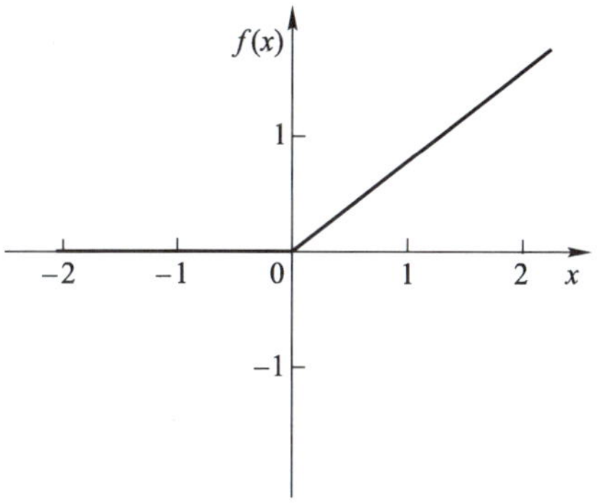

（c）ReLU

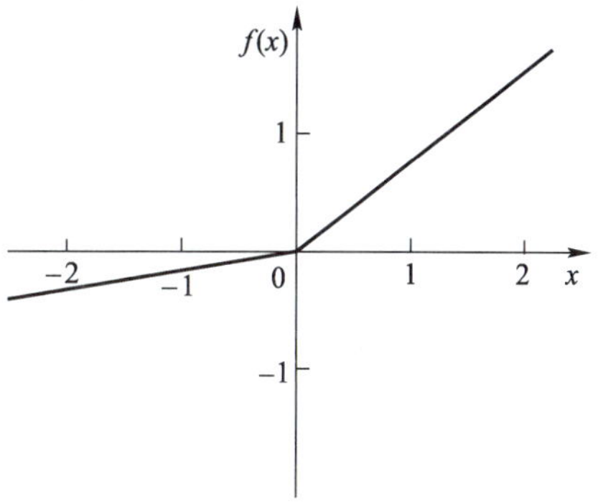

（d）Leaky-ReLU

图 3-3　激活函数

提　示

（1）Sigmoid 又称 S 型生长曲线，是一种在生物学中常见的 S 型函数，是目前使用范围比较广的一类激活函数，其定义域为 $(-\infty, +\infty)$，值域为 $(0,1)$。Sigmoid 可将一个实数映射到 $(0,1)$ 区间。Sigmoid 是一种光滑且严格单调的饱和函数，其表达式为

$$f(x)=\frac{1}{1+\mathrm{e}^{-x}}$$

（2）Tanh 又称双曲正切函数，是双曲函数的一种，其定义域为 $(-\infty, +\infty)$，值域为 $(-1,1)$。Tanh 可将一个实数映射到 $(-1,1)$ 区间，其表达式为

$$f(x)=\frac{\mathrm{e}^{x}-\mathrm{e}^{-x}}{\mathrm{e}^{x}+\mathrm{e}^{-x}}$$

（3）ReLU（rectified linear unit，线性整流函数）又称修正线性单元，是神经网络中常用的一种激活函数，也是目前在深度学习中比其他激活函数更受欢迎的一种激活函数，其表达式为

$$f(x)=\max(0,x)=\begin{cases}x, & x>0\\ 0, & x\leqslant 0\end{cases}$$

与 Sigmoid 和 Tanh 相比，ReLU 的优点主要有：① 当输入值为正时，不存在梯度饱和问题；② 计算速度快。

（4）Leaky-ReLU（leaky-rectified linear unit, 带泄露线性整流函数）是对 ReLU 的改进，解决了 ReLU 在输入值为负的情况下所产生的梯度消失问题。Leaky-ReLU 的梯度是一个常数，而不是 0。Leaky-ReLU 的表达式为

$$f(x)=\max(ax,x)=\begin{cases}ax, & x<0\\ x, & x\geqslant 0\end{cases}$$

理论上，Leaky-ReLU 具有 ReLU 的所有优点。

3）前向传播

前向传播又称前馈传播，是指在多层网络中，从输入层朝向网络的输出层逐层进行权重调整的一种传播方式。

在每一层中，输入的数据会经过卷积、池化等操作，逐渐转换为更高层次的特征并表达出来。前向传播的目的是计算网络的预测结果，并与真实结果相比较，以衡量预测结果与真实结果之间的差值。

4）反向传播

反向传播又称反馈传播，是指在多层网络中，从权重调整输出层朝向网络的输入层逐层传播的一种传播方式。简言之，就是根据链式法则，按相反的顺序从输出层到输入层的过程。

链式法则是在反向传播过程中，对各个映射中的可变参数进行求导的法则。理论上，首先对映射过程中的各个可变参数进行求导，然后利用梯度下降法，调整各个可变参数，使其趋近于期望值，从而减小误差。

提　示

在反向传播过程中，调整可变参数时需要使用梯度下降法。梯度下降法是一种用于寻找函数最小值的优化方法。

5）损失函数

损失函数是一种用来衡量函数模型的预测结果与真实结果之间差异程度的运算函数。损失函数主要在函数模型的训练阶段使用。各训练阶段的数据被输入到函数模型后，首先通过前向传播输出预测结果，然后运用损失函数计算出预测结果与真实结果之间的差值，

即损失值。获得损失值后，函数模型通过反向传播不断更新各个参数，以降低预测结果与真实结果之间的差值，从而使预测结果逐渐趋于真实结果。

3. 深度学习的原理

深度学习以神经网络为基础，由大量的人工神经元组成，每个人工神经元通过权重和激活函数来处理输入数据。

每一层之间通过权重和偏置相连。权重来自训练样本，代表着不同层之间输入信息的强度；偏置是权重矩阵处理后产生的变化，神经网络将对此做出信号响应。当输入信号进入神经网络时，深度学习会按照参考信号强度和权重，逐层地前行，经过迭代修正，直至达到期望的输出值。在这一过程中的迭代是由反向传播驱动的，它能够不断地进行参数调整，从而优化系统的性能。

3.1.2　深度学习在智能视觉领域的应用

深度学习可自动提取图像的特征，如颜色、纹理、形状及图像的拓扑结构等，具有较高的运算效率。它在智能视觉领域的应用主要体现在图像分类、目标检测、图像分割等方面。

1. 图像分类

图像分类是一种根据图像中所反映的不同特征信息，依据某种特定的分类法则对特征信息进行分类的图像处理方法。图像分类是目标检测、图像分割的基础，已广泛应用于医学影像的图像分割、卫星图像中的目标识别，以及交通控制等领域。例如，深度学习可对卫星图像中的土地（如城市建设用地、耕地、林地等）覆盖信息进行分类，有助于人们对土地利用情况的分析和研究。

2. 目标检测

目标检测是一种能精准定位图像中所有目标的位置并识别出每个目标具体所属类别的图像处理方法。目标检测是智能视觉关键技术，可用来处理比较复杂的场景，应用非常广泛。

在自动驾驶领域，车辆可准确定位并识别道路上的其他车辆、行人、交通标志等，以做出合理的驾驶决策；在交通安全领域，目标检测可对驾驶员面部进行分析，以判断驾驶员是否处于疲劳驾驶状态；在安防监控领域，目标检测可应用于监控摄像头中，以实现人脸识别、行为分析、异常检测等功能，有助于提升公共安全；在零售领域，商场中的智能购物助手可通过目标检测跟踪顾客的购物行为，为顾客提供个性化推荐；在医疗领域，目标检测可用来识别病灶等，为医生提供精确的诊疗方案。

3. 图像分割

扫码学习

图像分割的应用

图像分割是一种将图像根据特征分成若干具有相似性质的区域，并从中提取感兴趣的目标，以区分不同物体的图像处理方法。如图 3-4 所示为图像分割前后的图像对比。

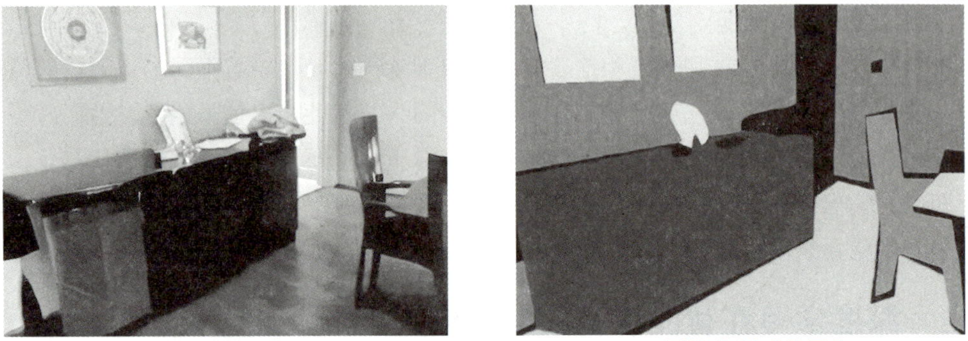

（a）原始图像　　（b）图像分割后的图像

图 3-4　图像分割前后的图像对比

目前，图像分割已在自动驾驶、安防监控、医疗等领域得到了广泛的应用。例如，在医疗领域，通过对来自手术和活检组织标本的图像进行图像分割，就可快速预测患者的疾病感染程度，有助于医生进行疾病诊断和分级。

砥节砺行

我国学者在新型深度学习模型方面取得的进展

深度学习的出现直接引发了近年来的人工智能热潮。

南京大学周志华教授项目组对新型深度学习模型与方法进行了深入研究，并取得了重要进展。该项目组打破了人们对于“深度学习模型就是深度神经网络”的一般认识，原创性地提出了“深度森林”——首个“非神经网络”、不基于可微构件、不依赖反向传播甚至不依赖梯度计算的新型深度学习模型，并通过在“深度森林”构建过程中引入间隔分布优化使其具备理论泛化界保障，为显著提升离散/符号/混合型数据建模任务上的机器学习性能提供了新途径。该项工作扩展了深度学习的研究方向，推进了“非神经网络深度学习”的研究，并为多种应用任务上的机器学习性能提升提供了新技术和新方法。此外，“深度森林”技术也引起了工业界的关注，已成功应用于多个企业和金融机构，并在风控等领域展现出了一定的优越性。

（资料来源：吴国政，国家自然科学基金委员会网）

实践操作——探索深度学习在排水管道缺陷检测中的应用

1. 背景描述

随着城市化进程的加快，城市规模逐渐扩大，早期埋于城市地下的排水管道已不堪重负，加上环境恶劣，导致很多排水管道出现异常现象，如材料脱落、裂纹等（见图 3-5），严重影响了人们的正常生活。因此，必须定期对排水管道进行缺陷检测。传统检测排水管道缺陷的方法大多依靠人工来完成，这种方法费时费力，且效率较低，极易出错。而利用深度学习对排水管道进行缺陷检测可有效解决这些问题，具有非常重要的应用价值。

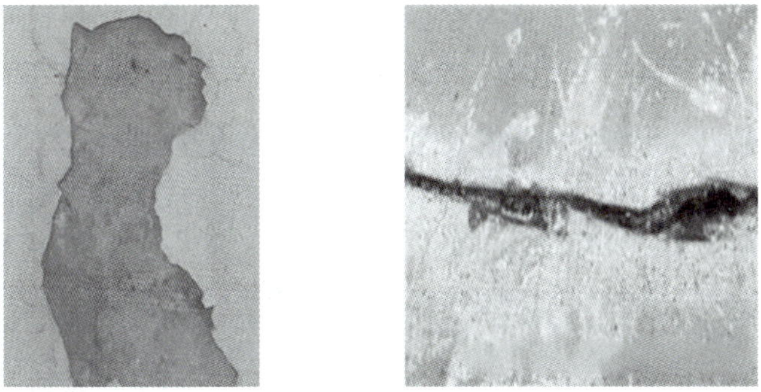

（a）材料脱落　　　　（b）裂纹

图 3-5　排水管道的缺陷

2. 实施方案

本方案基于 Python 来对排水管道进行缺陷检测，以探索深度学习在排水管道缺陷检测中的应用。利用深度学习对排水管道进行缺陷检测的流程如图 3-6 所示。

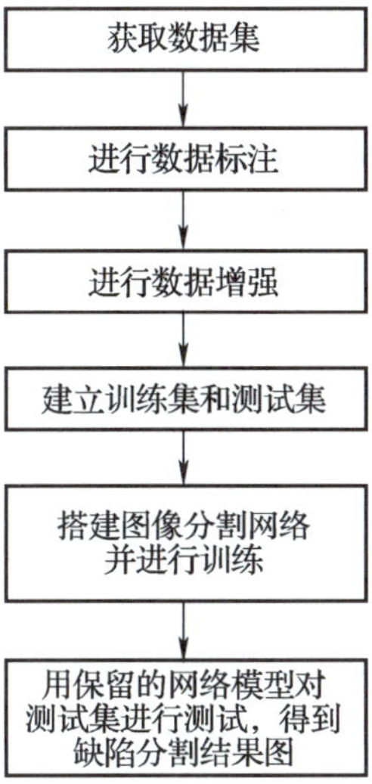

图 3-6　利用深度学习对排水管道进行缺陷检测的流程

（1）获取数据集。选取排水管道缺陷检测视频，并生成排水管道图像数据集。

（2）进行数据标注和数据增强。对排水管道图像数据集进行数据标注，并获得标注后的图像。在进行数据标注时，从图像中分割出的缺陷所对应的像素标注为 1，背景所对应的像素标注为 0。标注完成后，还需要对排水管道图像数据集进行数据增强。

（3）建立训练集和测试集。将增强后的排水管道图像数据集划分为训练集和测试集两部分，比例为 3∶1。训练集中的样本数据越多，模型质量就越高，排水管道缺陷检测的准确性也就越高。

（4）搭建图像分割网络，并利用反向传播对神经网络进行训练。在训练过程中，应保留训练损失最小的网络模型。

（5）用保留的网络模型对测试集进行测试，得到排水管道缺陷的分割结果，如图 3-7 所示。

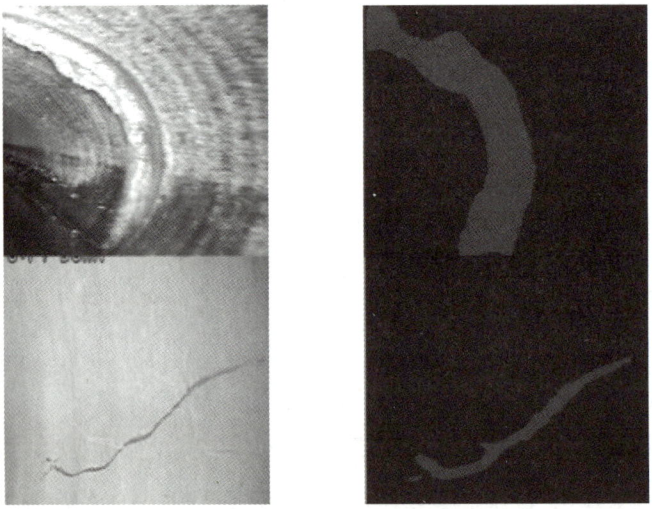

（a）原始图像　　（b）分割后的图像

图 3-7　排水管道缺陷的分割结果

笔记

任务 3.2　了解卷积神经网络

任务引入

卷积神经网络是深度学习的典型算法之一，是一种前馈神经网络。它的独特之处在于其多层网络能自动提取输入数据的深层特征，从而实现对输入数据的高效分类和识别。与传统的神经网络相比，卷积神经网络以其局部共享权重的特殊结构在语音识别和图像处理方面有着独特的优越性。它利用共享权重降低了网络的复杂度，在结构上更接近于实际的生物神经网络，并在一定程度上促进了深度学习的发展。目前，卷积神经网络已广泛应用于图像分类与识别、自然语言处理、图像着色等场合。

本任务要求学生从卷积神经网络的结构、原理，以及常用的卷积神经网络模型等方面了解卷积神经网络，知识与技能要求如表 3-6 所示。

表 3-6　知识与技能要求

任务内容	了解卷积神经网络	学习程度		
		识记	理解	应用
学习任务	卷积神经网络的结构	●		
	卷积神经网络的原理		●	
	卷积神经网络模型		●	
实训任务	探索卷积神经网络在车牌识别中的应用			●
自我勉励				

任务工单——探索卷积神经网络在智能视觉领域的应用

1. 任务描述

学生根据指导教师提出的任务要求并结合实际情况，在了解卷积神经网络的结构及原理的基础上，探索卷积神经网络在智能视觉领域的应用。

2. 学生分组

学生以 3～5 人为一组进行分组，各小组选出组长并进行任务分工，将小组概况及分工情况填入表 3-7 中。

表 3-7　小组概况及分工情况

班级		组号		指导教师	
小组成员	姓名	学号	任务分工		
组长					
组员					

3. 知识准备

引导问题 1：什么是卷积神经网络？卷积神经网络有什么优势？

引导问题 2：简述卷积神经网络的结构。

引导问题 3：简述卷积神经网络的原理。

引导问题 4：常用的卷积神经网络模型有哪些？

4. 工具和器材准备

各小组查阅相关资料，制订工作规划，并将任务实施过程中所需的工具和器材填入表 3-8 中。

表 3-8 工具和器材清单

序号	名称	型号与规格	单位	数量	备注

5. 制订方案

（1）各小组针对工作规划展开讨论，制订实施方案。

（2）指导教师对各小组的实施方案进行评价。

（3）各小组根据指导教师的评价对实施方案进行调整。

（4）调整合格后的实施方案即最终实施方案。

6. 任务实施

各小组按照最终实施方案，探索卷积神经网络在智能视觉领域的应用，将实施内容及完成情况填入表 3-9 中，并进行任务总结。

表 3-9 实施内容及完成情况

实施内容	完成情况

表 3-9（续）

任务总结

7. 考核评价

指导教师根据学生的任务完成情况对学生进行评价，学生配合指导教师共同完成如表 3-10 所示的任务考核评价表。

表 3-10 任务考核评价表

项目名称	评价内容	总分/分	评分/分		
			自评	互评	师评
职业素养考核项目（40%）	无迟到、无早退、无旷课	6			
	仪容仪表符合规范要求	6			
	具备较强的安全意识与责任意识	10			
	具备良好的团队合作与交流能力	6			
	具备较强的纪律执行力	6			
	保持作业现场卫生	6			
专业能力考核项目（60%）	查找专业知识及时、准确	12			
	制订方案合理	18			
	操作熟练，工作效率高	12			
	正确应用卷积神经网络	18			
合计		100			
总评	自评（20%）＋互评（20%）＋师评（60%）=_____	综合等级	指导教师(签名)：____________		

3.2.1　卷积神经网络概述

1. 卷积神经网络的结构

卷积神经网络是一种深度学习模型或类似于神经网络的一种多层感知器。卷积神经网络一般由输入层、卷积层、池化层、全连接层等组成，其模型如图 3-8 所示。其中，卷积层、池化层可多次出现，并通过重复叠加，构建出适用性不同的网络模型，这也是卷积神经网络的核心特征。

扫码学习

卷积是怎么“卷”的

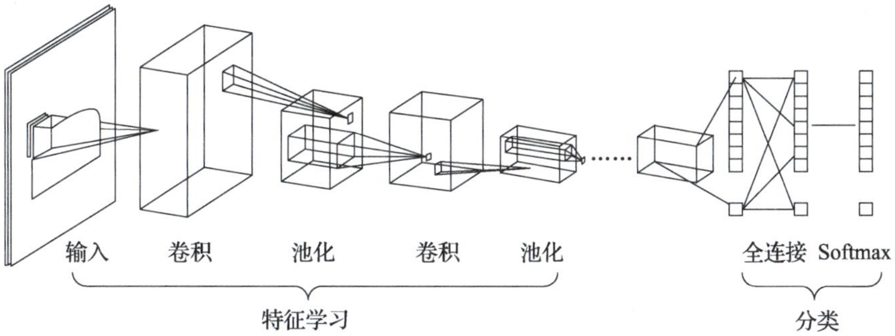

图 3-8　卷积神经网络模型

提　示

Softmax 是一种激活函数，可用于神经网络的最后一层，以求解多分类问题。

笔记

卷积神经网络的工作流程：首先，图像通过输入层输入模型数据；然后，卷积层中的卷积核对输入的模型数据进行特征提取，提取的特征需要在池化层中进行采样，以去除冗余特征；最后，在全连接层中采用激活函数，通过权重反向传播的方法得到加权结果。

1）输入层

输入层主要是对原始数据进行去均值和归一化等预处理的层状结构。去均值是将输入数据的各个维度值都转换为 0，这主要是为了将样本的中心位置变换到坐标系原点上，如图 3-9（b）所示。归一化是对需要处理的数据进行某种运算，将其特征值缩放至一定区间，这主要是为了方便处理数据，提高收敛速度，如图 3-9（c）所示。

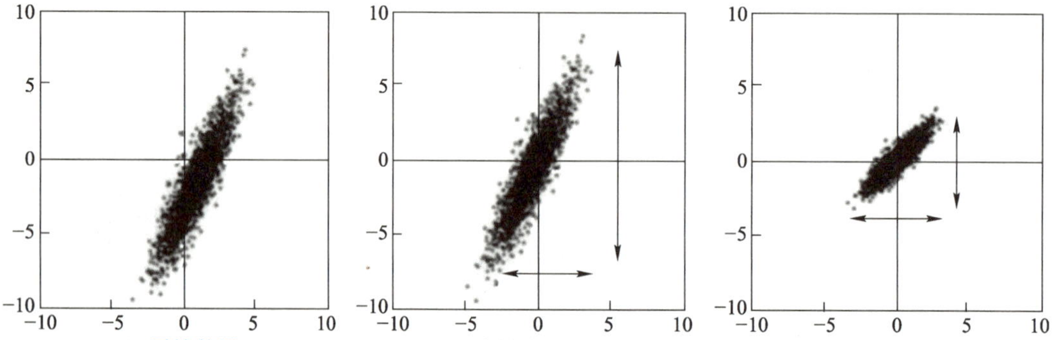

图 3-9 输入层图像预处理

2）卷积层

卷积层由一定数量的滤波器组成，滤波器的深度由输入数据的卷积核决定，多个卷积核互相堆叠可组成一个滤波器。

提 示

卷积神经网络模型中的滤波器是一个三维立方体，即长×宽×深度。

滤波器在输入数据时会按照指定的步长滑动，以此进行卷积运算，从而完成输入数据的特征提取。这种在图像中共享一个卷积核的方式，称为共享权重。由于图像中相邻像素点间的相关性较强，距离较远的像素点间的相关性较弱，因此卷积层中的每个人工神经元只与上一层中的部分人工神经元连接，这种连接方式称为局部感知。共享权重后的参数值固定不变，局部感知只感知局部图像。因此，共享权重和局部感知会使卷积神经网络的参数大大减少。

3）池化层

池化层是一个下采样的过程，主要用来缩小图像的尺寸，减小模型的规模，防止模型过拟合。池化层通常与卷积层交替出现，且位于卷积层之后。一般情况下，每个卷积层都对应一个池化层。池化的本质是降低特征维度。在卷积神经网络中，如果最后输出的图像尺寸过大，则会导致特征信息、参数过多，这很容易产生过拟合现象。

提 示

过拟合是指创建的模型过于精确地拟合训练数据，对新数据缺乏泛化性。过拟合可能由以下原因造成：训练的模型从训练数据中学习了非必要的特征；训练数据中存在过多的噪声；训练数据与生产数据显著不匹配；模型复杂度过高而与训练数据不匹配等。

池化层不会进行任何额外的参数计算，只提取特征信息。常见的池化方法有最大池化和平均池化两种。

最大池化是对每个子区域内的特征点取最大值以作为池化后的特征，它能够很好地保留图像的纹理信息。平均池化是将每个子区域内的特征点取平均值以作为池化后的特征，它能够很好地保留图像的背景信息，但会丢失一部分细节信息。池化过程如图 3-10 所示。

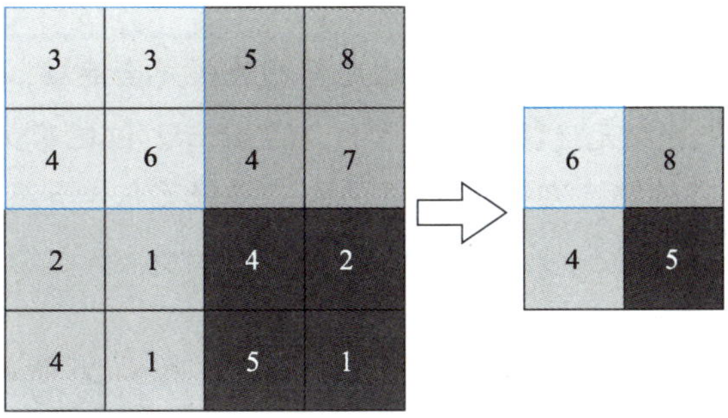

（a）最大池化

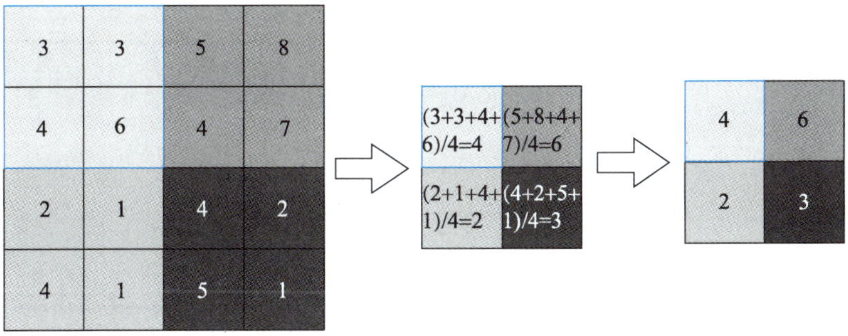

（b）平均池化

图 3-10　池化过程

4）全连接层

全连接层一般紧靠输出层且位于输出层之前，在整个卷积神经网络中起到“分类器”的作用。全连接层通过权重 w 和偏置 b 进行线性变换来处理其输入特征信息 X'，然后通过激活函数 $f(x)$ 映射线性变换的输出，即

$$y = f(w \times X' + b)$$

全连接层通常包含大量参数，容易产生过拟合现象。一般情况下，常采用 Dropout 层加全连接层来防止过拟合，从而提高模型的泛化能力。

提　示

> Dropout 是一种常用的正则化方法，用于减少神经网络的过拟合现象，即在训练过程中，对每个人工神经元以一定的概率进行保留或丢弃。

2. 卷积神经网络的原理

首先，卷积神经网络通过卷积运算来提取图像的特征；然后，这些特征被放入多层网络中，与其他层结合，以输出预测结果；最后，卷积神经网络可利用输入的特征来进行有效的图像识别和分类。

提　示

在传统的神经网络结构中，人工神经元之间的连接是全连接，即 $(n-1)$ 层的人工神经元与 n 层的所有人工神经元连接，如图 3-11（a）所示。但在卷积神经网络中，人工神经元之间的连接是局部连接，即 $(n-1)$ 层的人工神经元仅与 n 层的部分人工神经元连接，如图 3-11（b）所示。

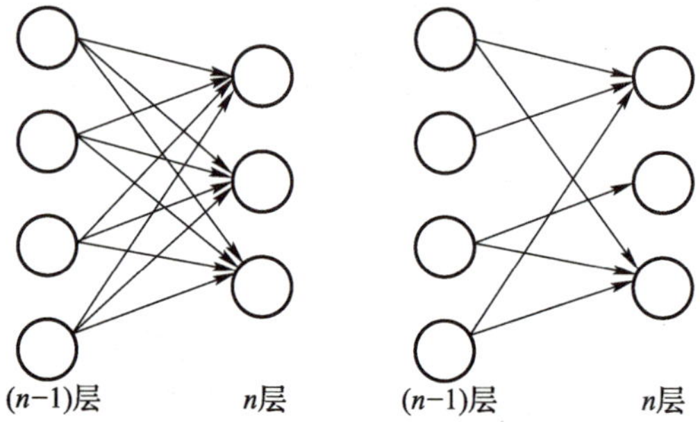

（a）全连接　　（b）局部连接

图 3-11　全连接与局部连接

笔记

3.2.2　卷积神经网络模型

常用的卷积神经网络模型有 AlexNet、VGGNet、R-CNN、YOLO、SSD、FCN 等。

1. AlexNet

AlexNet 于 2012 年被提出，是目前应用最早的卷积神经网络模型之一，具有较复杂的网络结构。AlexNet 由 5 个卷积层、3 个全连接层组成，如图 3-12 所示。AlexNet 首先使用了 ReLU 作为卷积神经网络的激活函数，这在很大程度上缓解了传统的 Sigmoid 在网络较深时所产生的梯度消失问题。此外，AlexNet 还引出了 Dropout，该方法能够有效地解决过拟合问题。

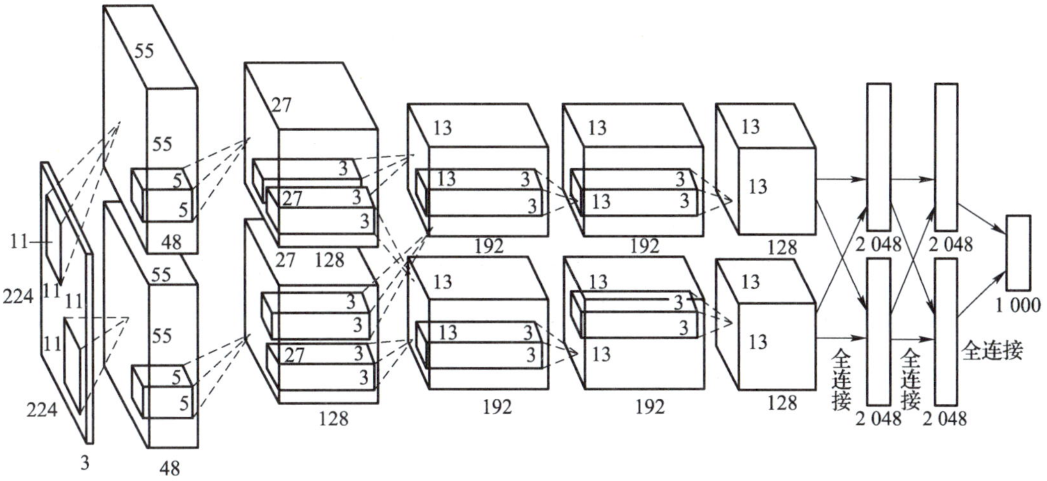

图 3-12　AlexNet 的结构

2. VGGNet

VGGNet 于 2014 年被提出，由 5 个卷积层、3 个全连接层等组成，如图 3-13 所示。VGGNet 的特点：① 采用卷积层堆叠的方式，即将多个连续的卷积层构成卷积层组；② 层数较多，但整体的结构较为简单，统一使用了 3×3 卷积核和 2×2 最大池化操作；③ 将具有多个小卷积核的卷积层串联起来，以减少网络参数的数量，提高运算速率。

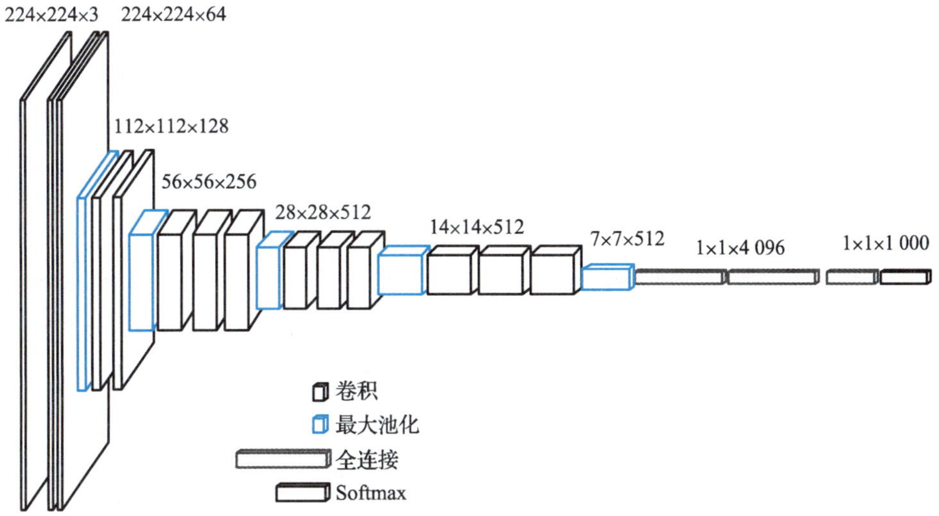

图 3-13　VGGNet 的结构

提　示

VGGNet 是由牛津大学视觉几何小组（visual geometry group, VGG）提出的一种卷积神经网络模型，并在 2014 年的 ImageNet 大规模视觉识别挑战赛中获得定位任务第 1 名和分类任务第 2 名的成绩。

3. R-CNN

R-CNN（region-CNN, 区域卷积神经网络）于 2014 年被提出，是一种将深度学习应用到目标检测上的卷积神经网络模型，其结构如图 3-14 所示。R-CNN 沿用了传统的目标检测思想，采用提取框对目标对象进行特征提取、图像分类等操作。R-CNN 在进行目标检测时的主要操作如下。

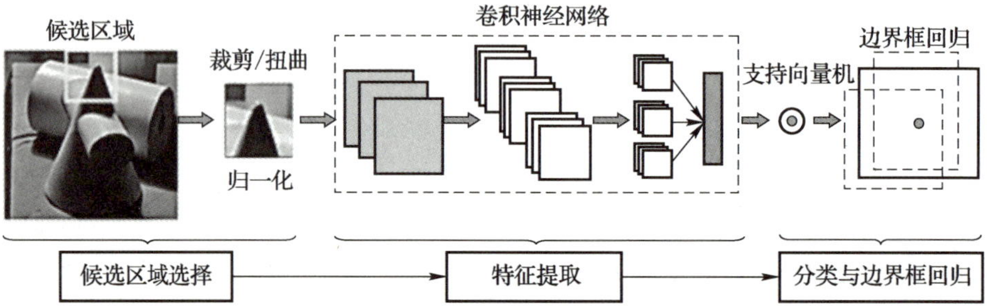

图 3-14　R-CNN 的结构

（1）候选区域选择。采用传统的区域提取方法对图像的边缘、纹理、色彩等信息进行提取，然后对提取的目标图像进行归一化，所得结果可作为卷积神经网络的标准输入。

（2）卷积神经网络特征提取。根据输入进行卷积、池化等操作，这样便可得到固定维度的输出。

（3）分类与边界框回归。对第（2）步的输出向量进行分类；然后，通过边界框回归算法定位目标，以获得精确的目标区域。

4. YOLO

YOLO 是继 R-CNN 之后出现的一种基于深度学习的目标检测模型。与 R-CNN 不同的是，YOLO 直接在整张图像上完成了所有目标的定位和分类，没有进行候选区域选择这一步骤，运算速率较快。目前，YOLO 已广泛应用于监控视频序列中的动作识别、自动驾驶、人机交互等多个领域。

YOLO 经历了多次迭代，从最初的 YOLO V1 到最新的 YOLO V8，每种模型都有其独特之处。如图 3-15 所示为 YOLO V1 的结构。

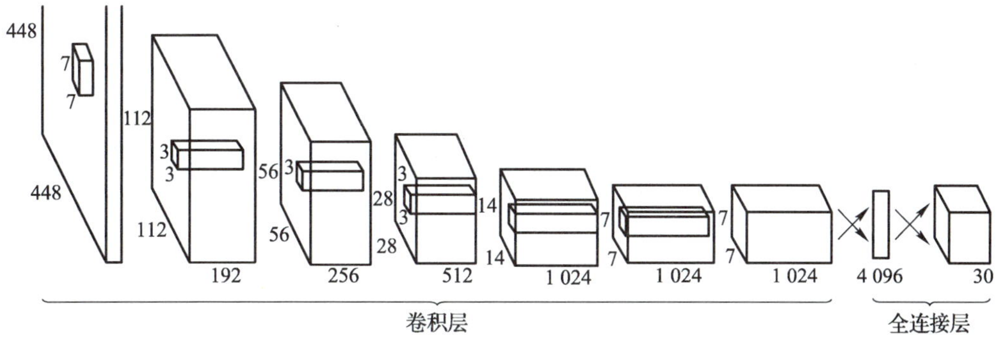

图 3-15　YOLO V1 的结构

提　示

YOLO 是由约瑟夫·雷蒙于 2016 年发表的论文《You Only Look Once: Unified, Real-Time Object Detection》中提出的。

5. SSD

SSD（single shot multibox detector，单步多框检测器）是继 R-CNN、YOLO 之后出现的一种基于深度学习的目标检测模型，其结构如图 3-16 所示。与 YOLO 不同的是，SSD 不需要在全连接层后做检测，可直接在多层多尺度特征图上进行检测。大尺度特征图可用来检测小型物体，而小尺度特征图可用来检测大型物体。此外，SSD 还采用了不同尺度和长宽比的先验框，可将全连接层替换为 3×3 的卷积层。

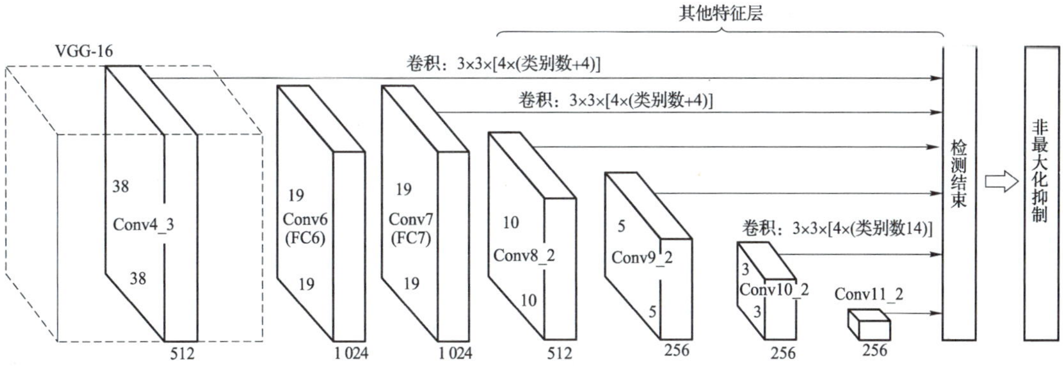

图 3-16　SSD 的结构

6. FCN

FCN（fully convolutional network，全卷积网络）是一种从图像级别的分类延伸到像素级别分类的卷积神经网络模型，常用于图像分割。FCN 将传统卷积神经网络中的全连接层转换为卷积层，经过多次卷积、池化等操作后所得到的图像会越来越小，分辨率也会越来越低。为了将这个分辨率低的图像恢复到原始图像的分辨率，FCN 使用了上采样。上采样通过反卷积来实现。如图 3-17 所示为反卷积上采样的过程。

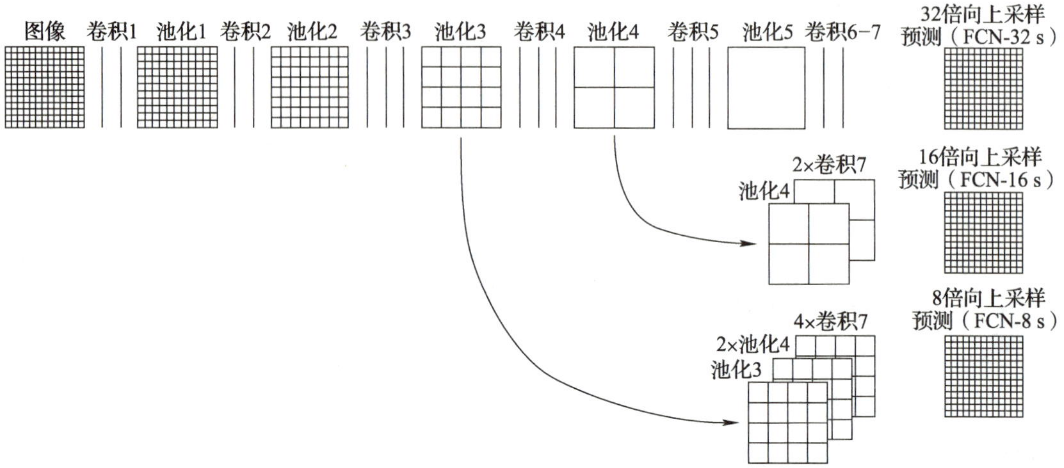

图 3-17　反卷积上采样的过程

FCN 的主要优势：① 可接受任意大小的输入图像；② 避免了使用像素块所带来的重复存储和计算卷积的问题，效率更高。但 FCN 也存在着一些不足：① 获得的结果不够精确；② 在对各像素进行分类时，没有充分考虑像素点间的关系，忽略了一些步骤，缺乏空间一致性。

头脑风暴

想一想，除上述几种卷积神经网络模型外，还有哪些常见的卷积神经网络模型？它们各有什么优缺点？

笔记

实践操作——探索卷积神经网络在车牌识别中的应用

1. 背景描述

随着人口的增加、交通设施的日益完善及汽车保有量的急剧增长，许多城市都面临着交通拥堵、交通事故频发等问题，这些问题目前已成为现代城市面临的重要挑战之一。为了有效解决这些问题，现代社会开始广泛使用智能交通系统。智能交通系统是现代城市交通管理的重要组成部分。其中，车辆识别技术作为智能交通系统的核心技术之一，对交通管理和交通安全起着至关重要的作用。

2. 实施方案

本方案基于 Python 来对车牌进行识别，以探索卷积神经网络在车牌识别中的应用。利用卷积神经网络对车牌进行识别的流程如图 3-18 所示。具体如下。

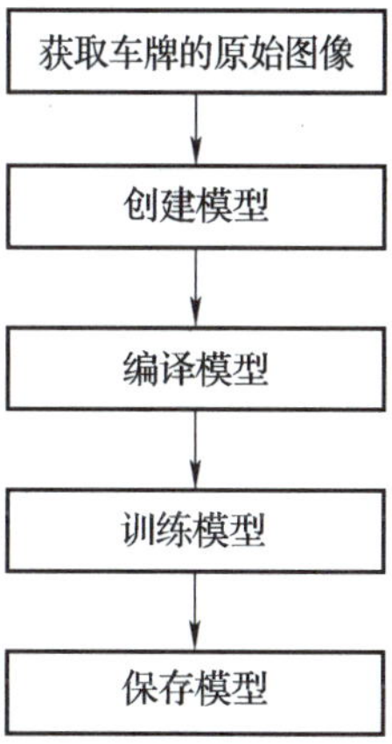

图 3-18　利用卷积神经网络对车牌进行识别的流程

（1）获取车牌的原始图像。

（2）创建模型。首先，定义一个序贯模型 Sequential ()；然后，向该模型中添加多个网络层，包括卷积层、池化层、全连接层等。

提　示

> 序贯模型 Sequential () 是函数式模型的简略版，是由多个网络层线性堆叠而成的，包含有较多的数据信息。同时，该模型还是一种简单的线性结构顺序模型。

（3）编译模型。创建好序贯模型后，通过调用 compile 函数来编译模型。编译模型时需要指定损失函数、评估标准等。

提　示

compile 函数是 Python 的内置函数，可将字符串编译成字节代码或特定的对象。

（4）训练模型。编译好模型后，通过调用 fit 函数来对模型进行训练。在训练过程中，模型使用最小化损失函数，并通过反向传播和梯度下降法来更新模型的权重，以达到最优的识别效果。运用卷积神经网络对车牌识别的结果如图 3-19 所示。

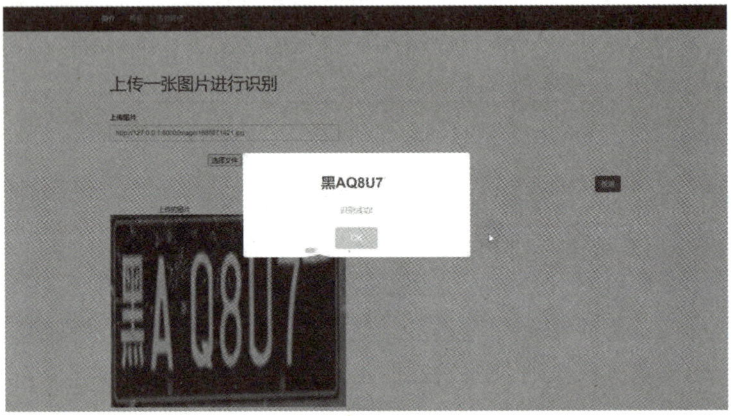

图 3-19　运用卷积神经网络对车牌识别的结果

提　示

fit 函数是 Python 的模型拟合函数，输入训练集数据，fit 函数可根据算法拟合出一个模型，这一过程可视为一个训练过程。

（5）保存模型。将训练好的模型进行保存，这样在检测新的车牌时，就不需要重新对模型进行训练了，便于后续使用。

笔记

学习成果检验

1. 填空题

（1）深度学习是神经网络的纵向延伸，具有____________________算法。

（2）前向传播又称前馈传播，是指在多层网络中，从________朝向网络的________逐层进行权重调整的一种传播方式。

（3）卷积神经网络一般由__________、__________、__________、__________等组成。

（4）池化层不会进行任何额外的参数计算，只提取特征信息。常见的池化方法有__________和__________两种。

（5）一般情况下，常采用__________加__________来防止过拟合，从而提高模型的泛化能力。

2. 选择题

（1）下列不属于激活函数的是________。

A. Sigmoid　　B. SSD　　C. ReLU　　D. Leaky-ReLU

（2）损失函数是一种用来衡量函数模型的________差异程度的运算函数。

A. 预测结果与真实结果之间　　B. 训练集与测试集之间

C. Dropout 损失的信息量　　D. 池化损失的信息量

（3）池化层是一个________的过程，主要用来缩小图像的尺寸，减小模型的规模，防止模型过拟合。

A. 上采样　　B. 特征提取　　C. 下采样　　D. 图像分割

（4）AlexNet 由________个卷积层、________个全连接层组成；VGGNet 由________个卷积层、________个全连接层等组成。

A. 5，3，4，2　　B. 5，3，5，3

C. 3，3，3，2　　D. 2，3，5，3

3. 简答题

（1）简述深度学习的原理。

（2）设有如下特征图，如图 3-20 所示。如果给定池化窗口为 2×2，请分别用最大池化和平均池化求出池化后的输出特征图。

0	0.2	0	0
0	0.2	0	0.4
0	0	0	0.6
0.8	0	0	0.2

图 3-20　特征图

学习成果评价

指导教师根据学生的项目学习成果对其进行评价，学生配合指导老师共同完成如表 3-11 所示的学习成果评价表。

表 3-11　学习成果评价表

班级		组号		日期	
姓名		学号		指导教师	
项目名称	深度学习与卷积神经网络				
评价项目	评价内容	评价方式	满分/分	评分/分	
知识（40%）	深度学习的结构	理论测试	5		
	深度学习的基础		5		
	深度学习的原理		5		
	深度学习在智能视觉领域的应用		8		
	卷积神经网络的结构		5		
	卷积神经网络的原理		5		
	卷积神经网络模型		7		
技能（40%）	探索深度学习在排水管道缺陷检测中的应用	实践操作	20		
	探索卷积神经网络在车牌识别中的应用		20		
素养（20%）	积极参加教学活动，主动学习、思考、讨论	综合评判	4		
	认真负责，按时完成学习、实践任务		4		
	团结协作，与组员之间密切配合		4		
	服从指挥，遵守课堂和实训室纪律		4		
	守正创新，自信自强		4		
合计			100		
自我评价					
指导教师评价					

项目 4 智能视觉技术的应用

项目导读

随着科技的不断进步，智能视觉技术已广泛应用于工业自动化、智能交通、虚拟现实等领域。智能视觉技术的广泛应用，不仅帮助企业提高了生产效率和产品质量，降低了人工成本和差错率，还为人们的生活、工作、学习等带来了诸多便利。

本项目主要介绍智能视觉技术在缺陷检测、尺寸测量、字符识别和定位引导等方面的应用。通过本项目的学习，学生应能掌握智能视觉技术的应用方法，并具备一定的解决相关复杂问题的能力。

项目目标

【知识目标】

- ✦ 掌握表面缺陷智能视觉检测系统的原理及应用。
- ✦ 掌握产品尺寸智能视觉测量系统的原理及应用。
- ✦ 掌握图像字符智能视觉识别系统的原理及应用。
- ✦ 掌握目标物体智能视觉定位系统的原理及应用。

【技能目标】

- ✦ 能正确应用智能视觉技术进行缺陷检测。
- ✦ 能正确应用智能视觉技术进行尺寸测量。
- ✦ 能正确应用智能视觉技术进行字符识别。
- ✦ 能正确应用智能视觉技术进行定位引导。

【素质目标】

- ✦ 弘扬执着专注、科学严谨、精益求精、追求卓越的工匠精神。
- ✦ 培养追求真理、实事求是、勇于探究的科学精神。

任务 4.1 应用智能视觉技术进行缺陷检测

任务引入

在工业生产中，工件表面缺陷的产生往往是不可避免的。表面缺陷不仅会影响工件的美观，还会影响其使用性能。因此，为了保证工件的质量，对工件表面进行缺陷检测就成了一道必不可少的工序。

传统的缺陷检测大多依靠人眼来完成，这种方法效率较低、主观意识较强且无法长时间持续工作。因此，表面缺陷智能视觉检测系统应运而生。它采用自动检测方法，是实现设备自动化、智能化和精密控制的有效工具，具有可靠性高、检测精度高、检测速度快、成本低等优点。随着智能视觉技术的不断发展和应用，表面缺陷智能视觉检测系统将会在更多的行业得到应用和推广。

本任务要求学生从表面缺陷智能视觉检测系统的原理及应用等方面掌握应用智能视觉技术进行缺陷检测的方法，知识与技能要求如表 4-1 所示。

表 4-1 知识与技能要求

任务内容	应用智能视觉技术进行缺陷检测	学习程度		
		识记	理解	应用
学习任务	表面缺陷智能视觉检测系统的原理		●	
	表面缺陷智能视觉检测系统的应用			●
实训任务	分析手机壳缺陷智能视觉检测系统			●
自我勉励				

任务工单——应用智能视觉技术进行缺陷检测

1. 任务描述

学生根据指导教师提出的任务要求并结合实际情况，在了解表面缺陷智能视觉检测系统的原理和应用的基础上，分析手机壳缺陷智能视觉检测系统。

2. 学生分组

学生以3～5人为一组进行分组，各小组选出组长并进行任务分工，将小组概况及分工情况填入表4-2中。

表4-2 小组概况及分工情况

班级		组号		指导教师	
小组成员	姓名	学号	任务分工		
组长					
组员					

3. 知识准备

引导问题1：表面缺陷智能视觉检测系统的原理是什么？

引导问题2：表面缺陷智能视觉检测系统采用的图像处理方法主要有哪些？

引导问题 3：与传统的缺陷检测方法相比，应用智能视觉技术进行缺陷检测有什么优势？

引导问题 4：表面缺陷智能视觉检测系统可应用于哪些行业？

4. 工具和器材准备

各小组查阅相关资料，制订工作规划，并将任务实施过程中所需的工具和器材填入表 4-3 中。

表 4-3 工具和器材清单

序号	名称	型号与规格	单位	数量	备注

5. 制订方案

（1）各小组针对工作规划展开讨论，制订实施方案。

（2）指导教师对各小组的实施方案进行评价。

（3）各小组根据指导教师的评价对实施方案进行调整。

（4）调整合格后的实施方案即最终实施方案。

6. 任务实施

各小组按照最终实施方案，应用智能视觉技术进行缺陷检测，将实施内容及完成情况填入表 4-4 中，并进行任务总结。

表 4-4　实施内容及完成情况

实施内容	完成情况

表 4-4（续）

任务总结

7. 考核评价

指导教师根据学生的任务完成情况对学生进行评价，学生配合指导教师共同完成如表 4-5 所示的任务考核评价表。

表 4-5　任务考核评价表

<table>
<tr><th rowspan="2">项目名称</th><th rowspan="2" colspan="2">评价内容</th><th rowspan="2">总分/分</th><th colspan="3">评分/分</th></tr>
<tr><th>自评</th><th>互评</th><th>师评</th></tr>
<tr><td rowspan="6">职业素养考核项目（40%）</td><td colspan="2">无迟到、无早退、无旷课</td><td>6</td><td></td><td></td><td></td></tr>
<tr><td colspan="2">仪容仪表符合规范要求</td><td>6</td><td></td><td></td><td></td></tr>
<tr><td colspan="2">具备较强的安全意识与责任意识</td><td>10</td><td></td><td></td><td></td></tr>
<tr><td colspan="2">具备良好的团队合作与交流能力</td><td>6</td><td></td><td></td><td></td></tr>
<tr><td colspan="2">具备较强的纪律执行力</td><td>6</td><td></td><td></td><td></td></tr>
<tr><td colspan="2">保持作业现场卫生</td><td>6</td><td></td><td></td><td></td></tr>
<tr><td rowspan="4">专业能力考核项目（60%）</td><td colspan="2">查找专业知识及时、准确</td><td>12</td><td></td><td></td><td></td></tr>
<tr><td colspan="2">制订方案合理</td><td>18</td><td></td><td></td><td></td></tr>
<tr><td colspan="2">操作熟练，工作效率高</td><td>12</td><td></td><td></td><td></td></tr>
<tr><td colspan="2">正确应用智能视觉技术进行缺陷检测</td><td>18</td><td></td><td></td><td></td></tr>
<tr><td colspan="3">合计</td><td>100</td><td></td><td></td><td></td></tr>
<tr><td rowspan="2">总评</td><td rowspan="2">自评（20%）＋互评（20%）＋师评（60%）=_____</td><td>综合等级</td><td colspan="4" rowspan="2">指导教师(签名)：______________</td></tr>
<tr><td></td></tr>
</table>

4.1.1　表面缺陷智能视觉检测系统的原理

表面缺陷智能视觉检测系统可对物体表面的缺陷进行自动检测，其原理如图 4-1 所示。

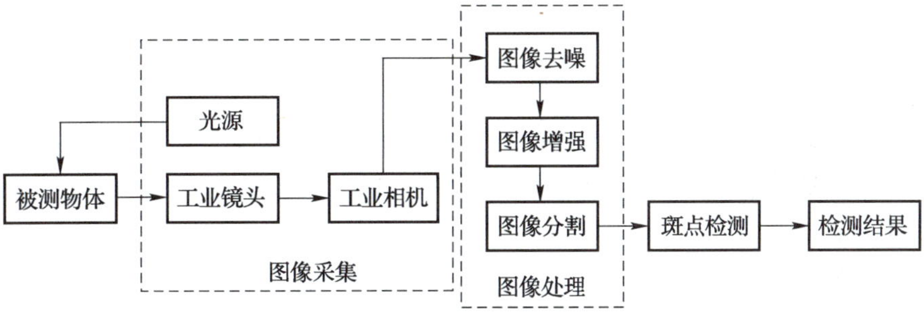

图 4-1　表面缺陷智能视觉检测系统的原理

首先，利用工业相机、工业镜头、光源等获取被测物体的图像信息；然后，利用数字图像处理技术来处理图像信息，处理过程包括图像去噪、图像增强、图像分割等；最后，从处理的图像信息中检测出特定大小的斑点，从而确定缺陷的位置、性质及形状等。

扫码学习

表面缺陷智能视觉检测系统的原理

知识拓展

目前，表面缺陷智能视觉检测系统主要采用图像处理、深度学习等方法进行缺陷检测。

（1）图像处理法主要包括图像采集、图像处理和图像分析等环节。它是多种技术综合运用的体现。

（2）深度学习采用的网络主要有整图分类网络、目标检测网络和像素分割网络 3 种，这 3 种网络分别应用于不同的场景。

① 整图分类网络。该网络可获取图像的类别标签，识别图像的缺陷及其类型。但需要注意的是，缺陷在图像中需要占有一定的比例，否则网络中的卷积与池化操作会使缺陷特征消失，从而导致分类失败。若类别标签的信息量过少，则无法进一步判断产品的质量。

② 目标检测网络。该网络可获取充分的缺陷信息，便于后续的显示和质量判断。与整图分类网络相比，该方法除需要识别图像的缺陷及其类型外，还需要确定缺陷的位置和大小。

③ 像素分割网络。该网络可获取缺陷的精确形状及位置信息，并能准确测量出缺陷的大小。该方法在工业检测中的应用非常广泛，适用于蹭伤、划痕等低占比缺陷的识别，但其标注成本偏高。

4.1.2　表面缺陷智能视觉检测系统的应用

目前，表面缺陷智能视觉检测系统已广泛应用于电子、机械、包装、印刷、纺织等行业。

1. 电子行业

近年来，随着我国电子行业的快速发展，我国已成为全球最大的电子产品制造基地，电子产品的产量位居世界前列。目前，电子产品已遍及我们生活的各个角落，小到电容、连接器，大到计算机主板、硬盘等。在电子产品生产的各个环节，我们几乎都能看到智能视觉的“身影”。

在电子行业，表面缺陷智能视觉检测系统可应用于 PCB（printed-circuit board, 印制电路板）、太阳能电池片的检测：检测 PCB 表面是否存在划痕、露铜、脏污、染色不良等缺陷，如图 4-2 所示；检测太阳能电池片表面是否存在崩角、划痕、指印等缺陷，如图 4-3 所示。

（a）无缺陷的 PCB

（b）有缺陷的 PCB

图 4-2　检测 PCB 表面是否存在缺陷

图 4-3　检测太阳能电池片表面是否存在缺陷

此外，表面缺陷智能视觉检测系统还可用于检测半导体芯片表面是否存在划痕、印字倾斜、脏污、漏芯等缺陷，以及检测 LCD（liquid crystal display，液晶显示屏）表面是否存在缺损、划痕等缺陷。

2. 机械行业

在机械行业，缺陷检测对机械产品的生产制造具有重要意义。对机械产品进行缺陷检测可有效减少或杜绝残次品流入市场，减少经济损失，同时也在一定程度上保障了使用者的人身安全。例如，汽车悬架表面的涂层在出厂前需要经过严格检测，检测合格后才能出厂。若汽车悬架表面的涂层不均匀或脱落，则在强烈的持续冲击和腐蚀下很容易产生裂纹，从而导致悬架弹簧断裂，危害使用者的人身安全。

表面缺陷智能视觉检测系统可应用于螺钉、轴承、弹簧等铸件的检测中：检测铸件表面是否存在凹坑、划伤、字符缺失、弯曲、脏污等缺陷，如图 4-4 所示。

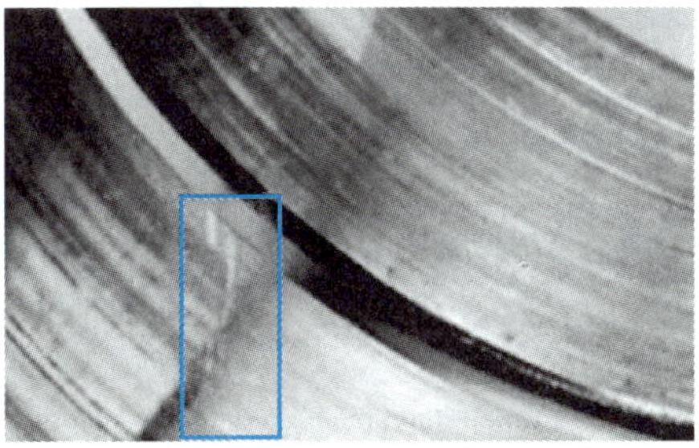

（a）凹坑

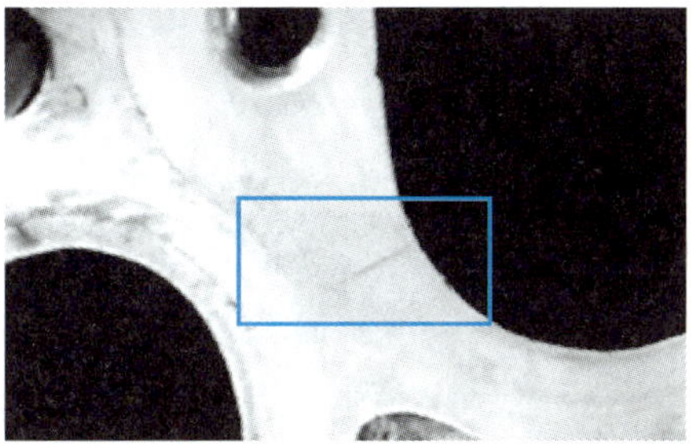

（b）划伤

图 4-4　检测铸件表面是否存在缺陷

3. 包装行业

产品包装材料种类繁多，制作工艺各不相同，因此在生产过程中所产生的缺陷也各不相同。例如，纸质包装常出现褶皱、变形等缺陷，玻璃包装常出现裂纹、夹杂异物等缺陷，塑料包装常出现破损、漏气、封装不严等缺陷。这些缺陷都会影响产品的质量，使产品无法正常使用。

在包装行业，表面缺陷智能视觉检测系统可应用于食品包装、饮料包装的检测：检测食品包装表面是否存在污点、裂纹、色差，以及字符或条码不清晰等缺陷，如图 4-5 所示；检测饮料包装表面是否存在异物、压痕、划伤等缺陷，如图 4-6 所示。

4. 印刷行业

印刷品材质多样、工艺复杂，因此在印刷过程中可能会产生一些缺陷，如糊字、污渍等缺陷。在印刷行业，表面缺陷智能视觉检测系统可用于检测印刷品的图案是否准确无误，条码是否清晰可读，表面是否存在飞墨、漏印等缺陷，如图 4-7 所示。

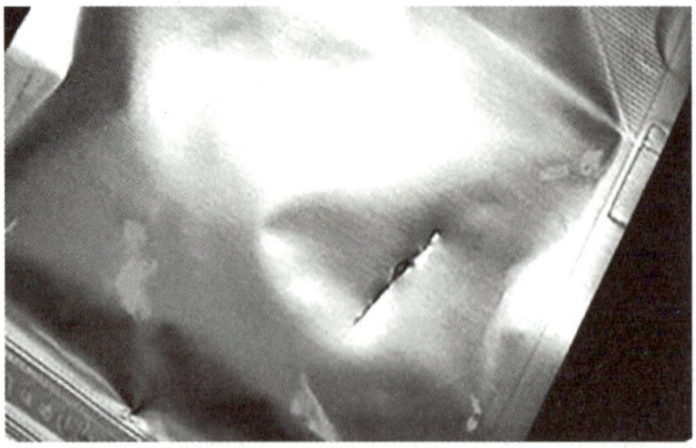

图 4-5　检测食品包装表面是否存在缺陷

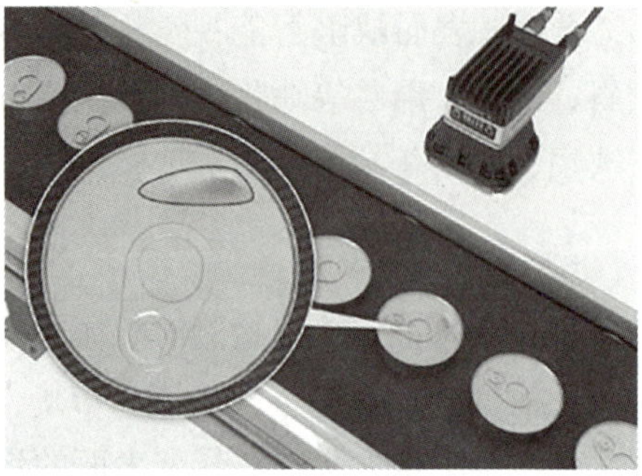

图 4-6　检测饮料包装表面是否存在缺陷

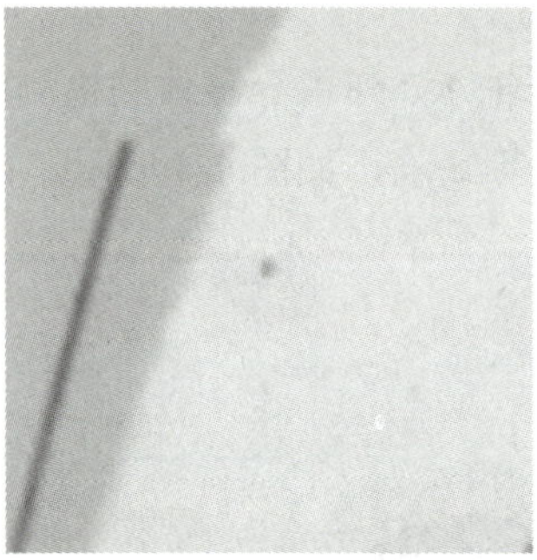

（a）飞墨

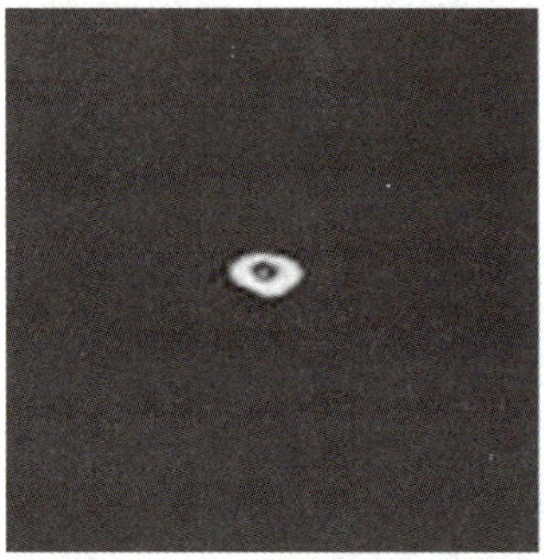

（b）漏印

图 4-7　检测印刷品表面是否存在缺陷

5. 纺织行业

我国作为纺织大国，是全球最大的纺织品生产基地和出口国。传统的纺织品缺陷检测已无法支撑行业的快速发展。因此，应用智能视觉技术进行缺陷检测开始兴起。

在纺织行业，表面缺陷智能视觉检测系统不仅可对不同颜色、不同厚度的纺织品进行检测，还可自动选择缺陷检测的类型及精度，从而有效提高检测的准确性和效率。目前，表面缺陷智能视觉检测系统可用于检测纺织品表面是否存在断纱、污渍等缺陷，如图 4-8 所示。

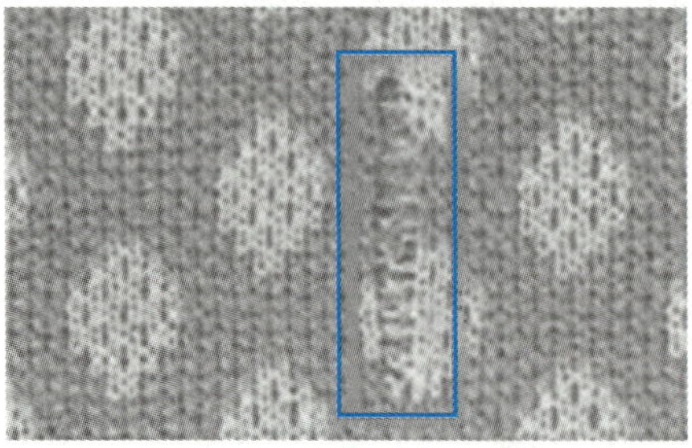

（a）断纱

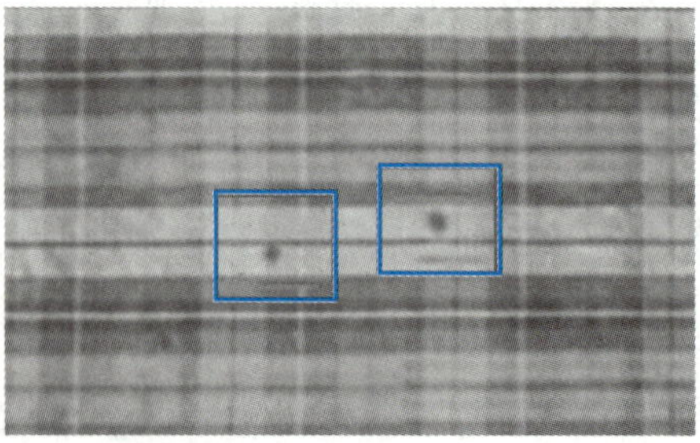

（b）污渍

图 4-8　检测纺织品表面是否存在缺陷

实践操作——分析手机壳缺陷智能视觉检测系统

1. 背景描述

手机发展至今，已成为我们生活中不可分割的一部分。它作为一款消费型电子产品，直接面向广大用户。由于用户对手机外观的要求非常高，不允许其表面有任何缺陷，因此在制作完手机壳后需要对其表面进行缺陷检测。

某工厂计划在原有手机壳流水线的基础上增设视觉检测工位，为此设计了一套手机壳缺陷智能视觉检测系统。如图 4-9 所示为手机壳缺陷智能视觉检测场景。

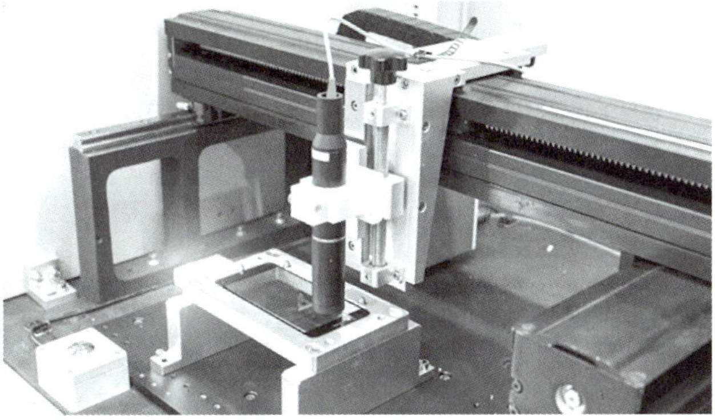

图 4-9　手机壳缺陷智能视觉检测场景

2. 实施方案

1）需求描述

（1）检测产品：手机壳。

（2）检测精度：0.07 mm。

（3）检测速度：在流水线上每秒钟能通过 4 个手机壳，因此检测速度可设计为每秒 8 帧图片。

（4）快门时间：流水线的运行速度为 1 m/s，可采用高速抓拍的方式。

（5）通信方式：缺陷检测属于质量检测，结果只能输出“OK”（合格）或“NG”（不合格），因此可采用 I/O 通信。

（6）特殊要求：由于手机壳的左右两侧及背面都需要检测，因此检测时需要配备 3 套智能视觉检测系统。

2）选型条件

（1）视野：本系统所要识别的手机壳尺寸为 137 mm × 66 mm × 7.2 mm，并要求手机壳在宽度为 160 mm 的流水线上依次通过。为确保每次都能拍摄到手机壳，视野可设计为 160 mm × 120 mm。

（2）工作距离：无特殊要求。

（3）工业相机：可选择 CCD 相机 MV-EM510M，其分辨率为 2 456×2 058，帧率为 15 f/s，曝光方式可选择帧曝光。

（4）工业镜头：可选择焦距为 8 mm 的定焦镜头 BT-23C0814MP5，其视场角为 67.1°×56.3°×43.7°，光圈 F＝1∶(1.4～1.6)。

（5）光源：可选择条形光源 CA-DBW13。该光源常用于对较大的被测物体进行照明，可从任意角度对被测物体进行照明。

（6）智能视觉控制器：型号为 SVC600P。该智能视觉控制器的处理器可选择 Intel I7-7700，其内存为 8 GB，存储空间为 128 G SSD，有 3 个 GigE 工业相机接口且可扩展，有 8 路输入、8 路输出。

3）硬件选型

本方案最终选用 500 万像素的工业相机，焦距为 8 mm 的工业镜头，配套的条形光源和智能视觉控制器。手机壳缺陷智能视觉检测系统的硬件组成（图中只显示了检测背面缺陷的工业相机）如图 4-10 所示。

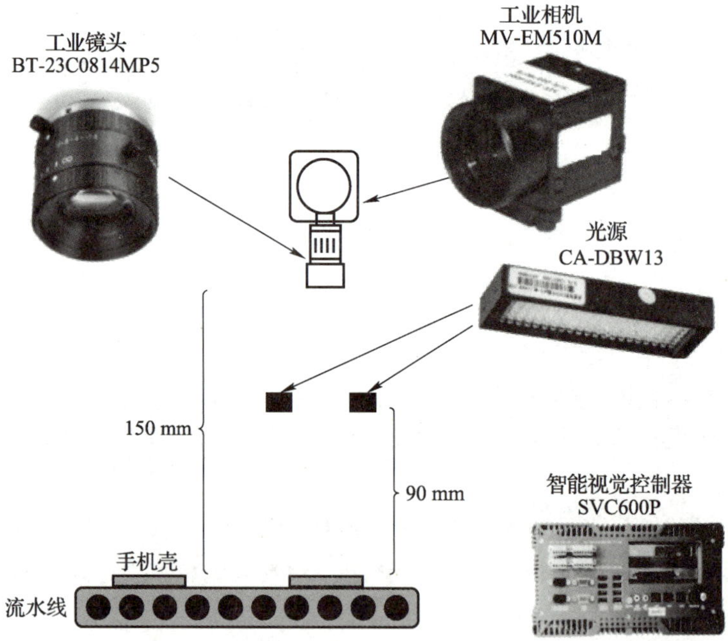

图 4-10　手机壳缺陷智能视觉检测系统的硬件组成

4）缺陷检测

硬件安装完成后，需要对工业相机的曝光时间、光源的发光亮度等进行调节。调节好后，基于 VisionBank 对手机壳进行缺陷检测：首先，利用工业相机拍摄手机壳的局部图像；然后，将合格的局部图像作为模板，并对采集到的待测图像进行定位；最后，定位到缺陷检测区域后，就可开始检测该区域中是否存在缺陷。如图 4-11 所示为手机壳缺陷智能视觉检测流程。

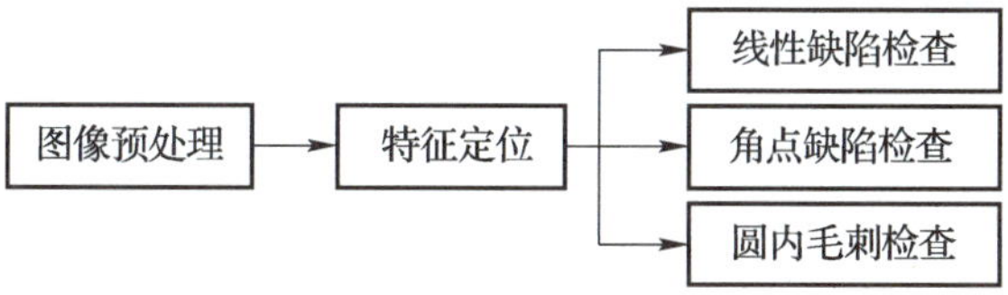

图 4-11　手机壳缺陷智能视觉检测流程

按照上述流程对手机壳进行缺陷检测，结果如图 4-12 所示。

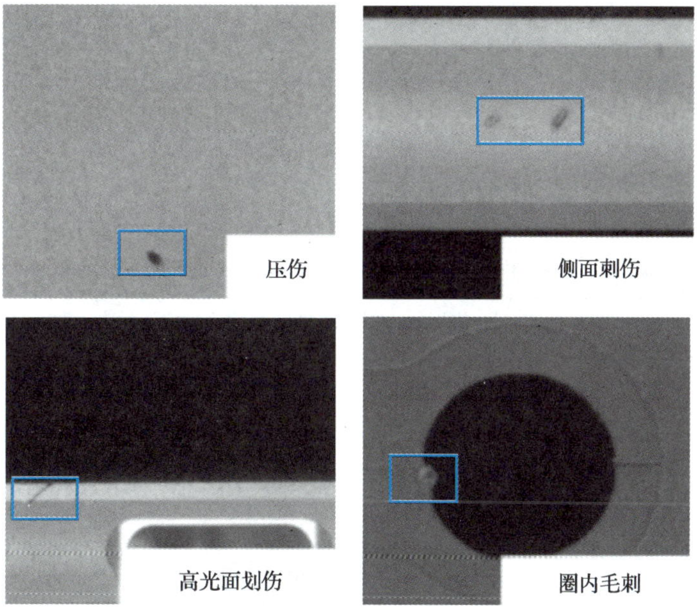

图 4-12　对手机壳进行缺陷检测的结果

笔记

任务4.2 应用智能视觉技术进行尺寸测量

任务引入

在产品的生产过程中，尺寸测量是非常重要的一个环节。一个产品在到达使用者手中之前，从最初的材料到最后的成品，可能需要进行多次尺寸测量，以确保其符合设计规范和质量标准。若使用传统的方法进行尺寸测量，则需要花费较高的人工成本，检测精度和效果也不尽如人意。而应用智能视觉技术进行尺寸测量可有效解决这些问题。

应用智能视觉技术进行尺寸测量是一种新兴的非接触式测量方法，主要是对精度要求较高的物体进行测量。该方法不仅可有效避免传统尺寸测量因接触而引起的测量误差，还可实现测量的自动化。

本任务要求学生从产品尺寸智能视觉测量系统的原理及应用等方面掌握应用智能视觉技术进行尺寸测量的方法，知识与技能要求如表4-6所示。

表4-6　知识与技能要求

任务内容	应用智能视觉技术进行尺寸测量	学习程度		
		识记	理解	应用
学习任务	产品尺寸智能视觉测量系统的原理		●	
	产品尺寸智能视觉测量系统的应用			●
实训任务	分析轴承尺寸智能视觉测量系统			●
自我勉励				

任务工单——应用智能视觉技术进行尺寸测量

1. 任务描述

学生根据指导教师提出的任务要求并结合实际情况，在了解产品尺寸智能视觉测量系统的原理和应用的基础上，分析轴承尺寸智能视觉测量系统。

2. 学生分组

学生以 3～5 人为一组进行分组，各小组选出组长并进行任务分工，将小组概况及分工情况填入表 4-7 中。

表 4-7　小组概况及分工情况

班级		组号		指导教师	
小组成员	姓名	学号	任务分工		
组长					
组员					

3. 知识准备

引导问题 1：产品尺寸智能视觉测量系统的原理是什么？

引导问题 2：在测量物体尺寸过程中所涉及的关键技术主要有哪些？

引导问题 3：与传统的尺寸测量方法相比，应用智能视觉技术进行尺寸测量有什么优势？

引导问题 4：产品尺寸智能视觉测量系统可应用于哪些行业？

4. 工具和器材准备

各小组查阅相关资料，制订工作规划，并将任务实施过程中所需的工具和器材填入表 4-8 中。

表 4-8 工具和器材清单

序号	名称	型号与规格	单位	数量	备注

5. 制订方案

（1）各小组针对工作规划展开讨论，制订实施方案。

（2）指导教师对各小组的实施方案进行评价。

（3）各小组根据指导教师的评价对实施方案进行调整。

（4）调整合格后的实施方案即最终实施方案。

6. 任务实施

各小组按照最终实施方案，应用智能视觉技术进行尺寸测量，将实施内容及完成情况填入表 4-9 中，并进行任务总结。

表 4-9　实施内容及完成情况

实施内容	完成情况

表 4-9（续）

任务总结

7. 考核评价

指导教师根据学生的任务完成情况对学生进行评价，学生配合指导教师共同完成如表 4-10 所示的任务考核评价表。

表 4-10 任务考核评价表

<table>
<tr><th rowspan="2">项目名称</th><th rowspan="2">评价内容</th><th rowspan="2">总分/分</th><th colspan="3">评分/分</th></tr>
<tr><th>自评</th><th>互评</th><th>师评</th></tr>
<tr><td rowspan="6">职业素养考核项目（40%）</td><td>无迟到、无早退、无旷课</td><td>6</td><td></td><td></td><td></td></tr>
<tr><td>仪容仪表符合规范要求</td><td>6</td><td></td><td></td><td></td></tr>
<tr><td>具备较强的安全意识与责任意识</td><td>10</td><td></td><td></td><td></td></tr>
<tr><td>具备良好的团队合作与交流能力</td><td>6</td><td></td><td></td><td></td></tr>
<tr><td>具备较强的纪律执行力</td><td>6</td><td></td><td></td><td></td></tr>
<tr><td>保持作业现场卫生</td><td>6</td><td></td><td></td><td></td></tr>
<tr><td rowspan="4">专业能力考核项目（60%）</td><td>查找专业知识及时、准确</td><td>12</td><td></td><td></td><td></td></tr>
<tr><td>制订方案合理</td><td>18</td><td></td><td></td><td></td></tr>
<tr><td>操作熟练，工作效率高</td><td>12</td><td></td><td></td><td></td></tr>
<tr><td>正确应用智能视觉技术进行尺寸测量</td><td>18</td><td></td><td></td><td></td></tr>
<tr><td colspan="2">合计</td><td>100</td><td></td><td></td><td></td></tr>
<tr><td>总评</td><td>自评（20%）＋互评（20%）＋师评（60%）=_____</td><td>综合等级

</td><td colspan="3">指导教师(签名)：______________</td></tr>
</table>

4.2.1　产品尺寸智能视觉测量系统的原理

产品尺寸智能视觉测量系统可对物体的尺寸进行自动测量，其原理如图 4-13 所示。

图 4-13　产品尺寸智能视觉测量系统的原理

首先，采集被测物体的图像，将物体的图像转换为数字信号；然后，将数字信号传输到计算机上进行处理，处理完成后进行特征提取，提取被测物体的边缘、角点、圆心等特征点；最后，进行测量计算，将提取到的特征点输入到测量算法中，从而计算出被测物体的尺寸。

知识拓展

在测量物体尺寸过程中，所涉及的关键技术主要有照明成像技术、自动调焦技术、边缘跟踪技术、图像拼接技术等。

（1）照明成像技术是一种将物体的轮廓信息转换为光信号的技术。

（2）自动调焦技术是一种根据被测物体的距离，通过前后移动工业镜头使其固定在相应的位置，以获取清晰图像的技术。该技术可有效提升图像的质量。

（3）边缘跟踪技术是一种用于提取图像边缘的技术。

（4）图像拼接技术是一种将多张含有重叠部分的图像拼接成一张图像的技术，如图 4-14 所示。它主要包括图像匹配、图像变换和图像融合等内容。

（a）拼接前左边的图像　　（b）拼接前右边的图像

（c）拼接后的图像

图 4-14　图像拼接技术

4.2.2　产品尺寸智能视觉测量系统的应用

目前，产品尺寸智能视觉测量系统已广泛应用于电子、机械、印刷等行业，具有广阔的应用前景。

1．电子行业

近年来，随着电子技术的快速发展，电子产品的微型化程度越来越高。在这种背景下，为了提高电子产品的质量和生产效率，降低生产成本，就需要采用一种符合上述要求的测量方法——应用智能视觉技术进行尺寸测量。

在电子行业，产品尺寸智能视觉测量系统可应用于半导体芯片、电子元器件等微小物体的测量：测量半导体晶圆的尺寸是否符合要求，如图 4-15 所示；测量连接器的尺寸是否符合要求，如图 4-16 所示。

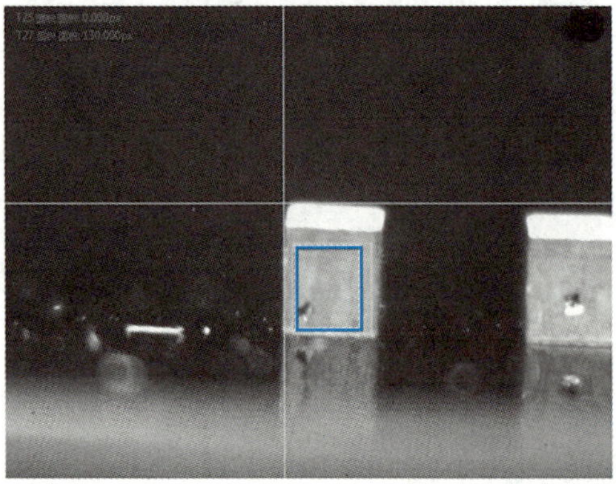

图 4-15　测量半导体晶圆的尺寸是否符合要求

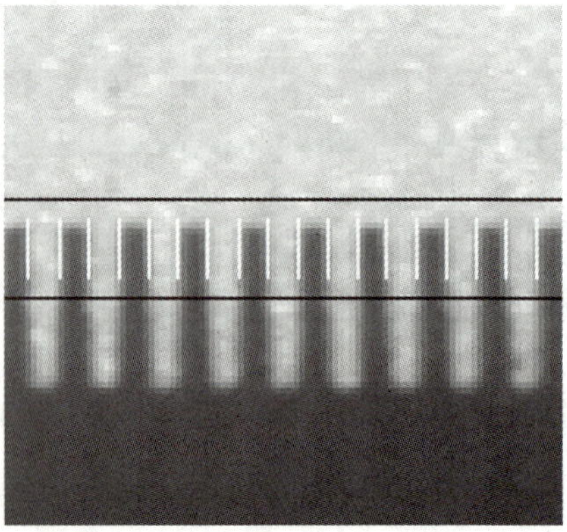

图 4-16　测量连接器的尺寸是否符合要求

2. 机械行业

机械行业作为国家基础性及战略性产业，对国民经济的发展与国防建设有着重要的支撑作用。在生产制造工件（如螺母、螺钉等）时，需要对其质量进行严格的把控。利用智能视觉测量代替传统的人工测量能显著减小测量误差，提高测量的准确性。

在机械行业，产品尺寸智能视觉测量系统可应用于轴承、齿轮等工件的测量：测量轴承的直径、高度、内径等尺寸是否符合要求，如图 4-17 所示；测量齿轮的外径、齿高、齿距、齿厚等尺寸是否符合要求，如图 4-18 所示。

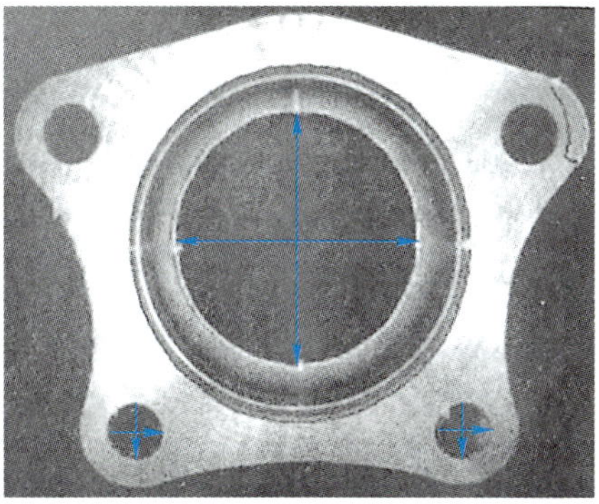

图 4-17　测量轴承的尺寸是否符合要求

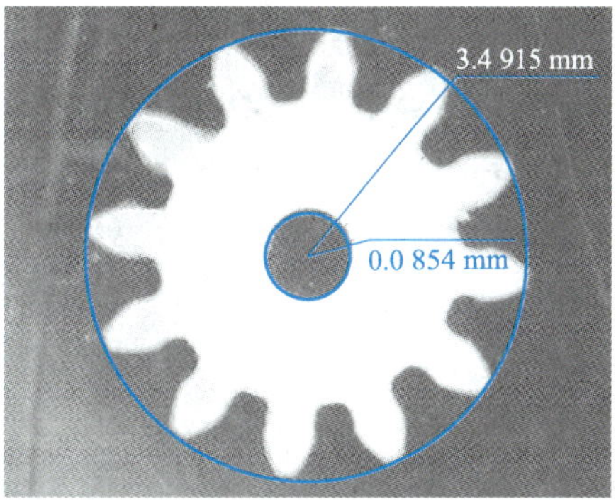

图 4-18　测量齿轮的尺寸是否符合要求

3. 印刷行业

在印刷行业，产品尺寸智能视觉测量系统不但能自动测量产品的外形尺寸，如外径、高度、面积等，还能测量印刷品的纸边距（见图 4-19）、图案相对位置、面积等尺寸，以判断它们是否符合要求。

图 4-19　测量印刷品的纸边距

实践操作——分析轴承尺寸智能视觉测量系统

1. 背景描述

任何设备的运转都离不开轴承（见图 4-20）。轴承在生产过程中，对各个工序的要求非常高，任何部位的尺寸不合格都会影响设备的装配。因此，在轴承出厂前必须要对其进行严格的检测。

图 4-20 轴承

为了将尺寸不合格的轴承挑出，某工厂专门设计了一套轴承尺寸智能视觉测量系统。

2. 实施方案

1）需求描述

（1）测量产品：轴承。

（2）测量精度：0.005 mm。

（3）测量速度：在流水线上每秒钟能通过 2 个轴承，因此测量速度可设计为每秒 4 帧图片。

（4）快门时间：流水线的运行速度为 0.05 m/s，可采用低速抓拍的方式。

（5）通信方式：输出的信号代表产品是否合格，因此可采用 I/O 通信。

（6）特殊要求：本系统对测量精度的要求较高，因此可采用 1/2 亚像素精度。

2）选型条件

（1）视野：本系统所要识别的轴承尺寸外径为 32 mm，无其他特殊要求，因此视野可设计为 45 mm×34 mm 。

（2）工作距离：无特殊要求。

（3）工业相机：可选择 CCD 相机 MV-E1600M，其分辨率为 4 896×3 264，帧率为 5 f/s，曝光方式可选择帧曝光。

（4）工业镜头：可选择双远心镜头 BT-F064，其畸变小于 0.08%，物距为 182 mm，景深为 4 mm，光圈 F＝1∶16 。

（5）光源：可选择环形光源 FG-FPR90-A60。该光源可从正面打光。

（6）智能视觉控制器：型号为 SVC600P。该智能视觉控制器的处理器可选择 Intel I7-7700，其内存为 8 GB，存储空间为 128 G SSD，有 3 个 GigE 工业相机接口且可扩展，有 8 路输入、8 路输出。

3）硬件选型

本方案最终选用 1 600 万像素的工业相机，畸变非常小的双远心镜头，配套的环形光源和智能视觉控制器。轴承尺寸智能视觉测量系统的硬件组成如图 4-21 所示。

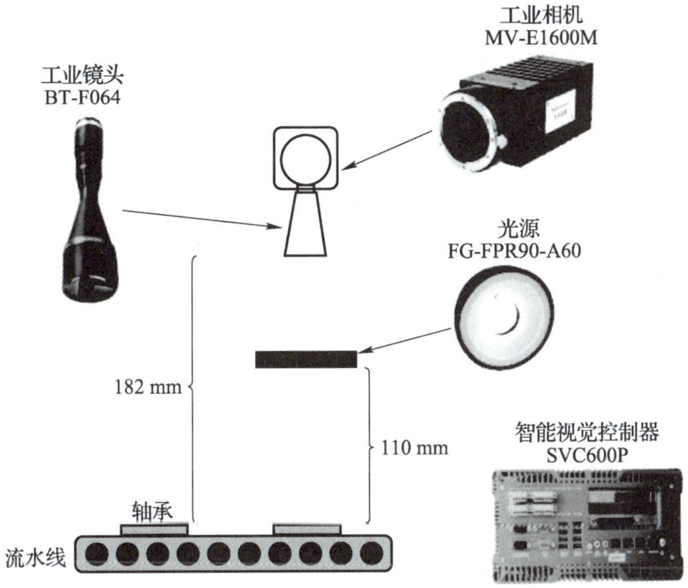

图 4-21　轴承尺寸智能视觉测量系统的硬件组成

4）尺寸测量

将系统调试好以后，基于 VisionBank 对轴承进行尺寸测量：首先，需要对获取的图像进行预处理；然后，对预处理后的图像进行特征定位，以防止轴承发生偏移而引起测量误差；最后，测量轴承的内、外径尺寸。如图 4-22 所示为轴承尺寸智能视觉测量流程。

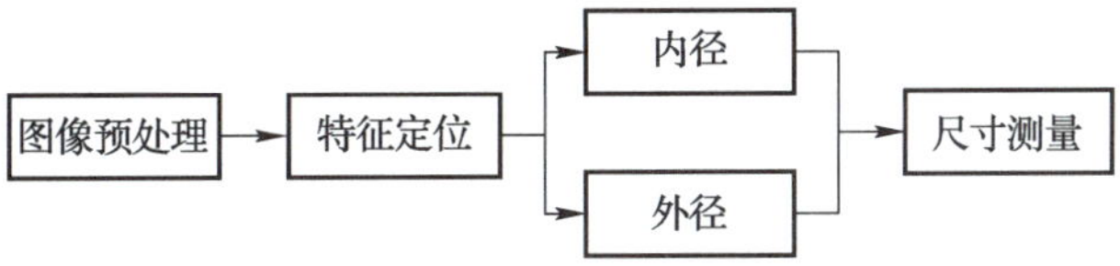

图 4-22　轴承尺寸智能视觉测量流程

按照上述流程对轴承进行尺寸测量，结果如图 4-23 所示。

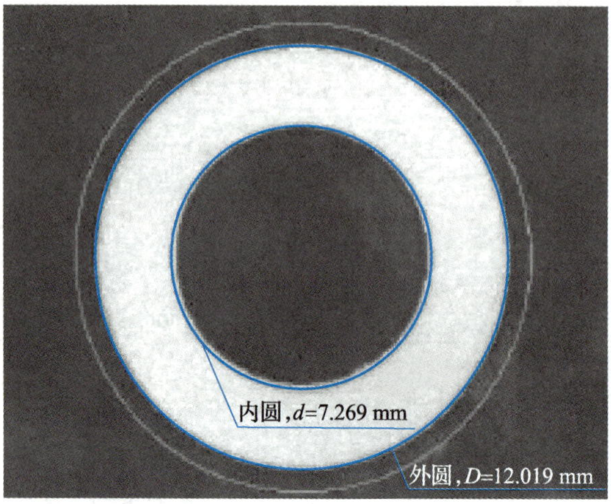

图 4-23　对轴承进行尺寸测量的结果

笔记

任务 4.3　应用智能视觉技术进行字符识别

任务引入

在产品的制造中，常在各类硬质外壳上标记钢印字符。钢印字符具有字符与背景颜色相近、字符印迹不明显、字符倾斜、背景易反光等特征。若使用传统的字符识别方法进行识别，则很容易受到各种因素的影响，从而导致识别率大幅下降。此外，传统的字符识别方法操作步骤较复杂、检测结果难以优化，无法适应实际生产中的字符识别需求。因此，图像字符智能视觉识别系统应运而生。

图像字符智能视觉识别系统搭载了人工智能视觉平台，拥有独特的神经网络，能准确识别印迹不明显的字符。它具有抗干扰能力强、识别率高、识别速度快等优点，目前已广泛应用于医药、食品等众多行业。

本任务要求学生从图像字符智能视觉识别系统的原理及应用等方面掌握应用智能视觉技术进行字符识别的方法，知识与技能要求如表 4-11 所示。

表 4-11　知识与技能要求

任务内容	应用智能视觉技术进行字符识别	学习程度		
		识记	理解	应用
学习任务	图像字符智能视觉识别系统的原理		●	
	图像字符智能视觉识别系统的应用			●
实训任务	分析 PCB 编号字符智能视觉识别系统			●
自我勉励				

任务工单——应用智能视觉技术进行字符识别

1. 任务描述

学生根据指导教师提出的任务要求并结合实际情况，在了解图像字符智能视觉识别系统的原理和应用的基础上，分析 PCB 编号字符智能视觉识别系统。

2. 学生分组

学生以 3～5 人为一组进行分组，各小组选出组长并进行任务分工，将小组概况及分工情况填入表 4-12 中。

表 4-12　小组概况及分工情况

班级		组号		指导教师	
小组成员	姓名	学号	任务分工		
组长					
组员					

3. 知识准备

引导问题 1：图像字符智能视觉识别系统的原理是什么？

引导问题 2：与传统的字符识别方法相比，应用智能视觉技术进行字符识别有什么优势？

引导问题 3：二维码常应用于哪些行业？

引导问题 4：图像字符智能视觉识别系统可应用于哪些行业？

4. 工具和器材准备

各小组查阅相关资料，制订工作规划，并将任务实施过程中所需的工具和器材填入表 4-13 中。

表 4-13 工具和器材清单

序号	名称	型号与规格	单位	数量	备注

5. 制订方案

（1）各小组针对工作规划展开讨论，制订实施方案。

（2）指导教师对各小组的实施方案进行评价。

（3）各小组根据指导教师的评价对实施方案进行调整。

（4）调整合格后的实施方案即最终实施方案。

6. 任务实施

各小组按照最终实施方案，应用智能视觉技术进行字符识别，将实施内容及完成情况填入表 4-14 中，并进行任务总结。

表 4-14　实施内容及完成情况

实施内容	完成情况

表 4-14（续）

任务总结

7. 考核评价

指导教师根据学生的任务完成情况对学生进行评价，学生配合指导教师共同完成如表 4-15 所示的任务考核评价表。

表 4-15　任务考核评价表

项目名称	评价内容	总分/分	评分/分		
			自评	互评	师评
职业素养考核项目（40%）	无迟到、无早退、无旷课	6			
	仪容仪表符合规范要求	6			
	具备较强的安全意识与责任意识	10			
	具备良好的团队合作与交流能力	6			
	具备较强的纪律执行力	6			
	保持作业现场卫生	6			
专业能力考核项目（60%）	查找专业知识及时、准确	12			
	制订方案合理	18			
	操作熟练，工作效率高	12			
	正确应用智能视觉技术进行字符识别	18			
合计		100			
总评	自评（20%）+互评（20%）+师评（60%）=_____	综合等级	指导教师(签名)：______________		

4.3.1　图像字符智能视觉识别系统的原理

图像字符智能视觉识别系统可对文本图像进行分析处理，获取版面信息并识别其中的字符，从而将文本图像转换为电子文本，其原理如图 4-24 所示。

图 4-24　图像字符智能视觉识别系统的原理

首先，做好识别准备工作，将图像识别区域中的单个字符分割出来；然后，将分割得到的字符进行分类，得到对应的符号标记；接着，生成字符模板，并通过模板训练提取模板的字符特征；最后，对分割出来的每个字符进行特征匹配和识别，输出识别结果。

行业资讯

字符识别的对象既可以是图像、自然场景等，又可以是触摸屏、触控笔等输入设备捕获的手写轨迹信息。针对图像的字符识别通常称为光学字符识别（optical character recognition, OCR），是指将文本资料通过扫描、拍照等方式转换为图像，通过图像分析和字符识别，获取文字及版面信息的过程。

随着人工智能技术的不断发展，OCR 技术已在金融、保险、医疗、交通、教育等诸多行业有了较成熟的应用。例如，在输入银行卡卡号时，只需要通过手机摄像头扫描银行卡标有长号的那面，对应的软件就能自动识别出银行卡卡号。目前，我国已发布了首份智能文字识别能力测评与应用白皮书。未来，随着传统行业的数字化转型，OCR 技术的应用范围和场景还将进一步扩展。

4.3.2　图像字符智能视觉识别系统的应用

目前，图像字符智能视觉识别系统已广泛应用于交通、包装等行业。

1. 交通行业

近年来，随着我国汽车保有量和客运量的逐年增长，仅通过扩建道路并不能有效解决道路拥堵的问题。而智慧交通不仅可有效缓解交通拥堵，还能提高道路利用率，建立人、车、路相协调的综合交通运输体系。其中，图像字符智能视觉识别系统广泛应用于交通流量分析、车辆出入管理等场合，如图 4-25、图 4-26 所示。此外，它还可应用于车辆称重管理、交通标志检测、自动车牌识别、公路收费、车辆定位、高速公路超速自动化监管等场合，有力推动了交通自动化管理。

图 4-25　交通流量分析

图 4-26　车辆出入管理

2. 包装行业

包装是产品的重要组成部分，其表面的生产日期、保质期、生产批号等对产品至关重要，它们已成为食品、饮料、药品及化妆品等产品的必要元素。

在包装行业，图像字符智能视觉识别系统可用于识别包装表面的字符、图形码等：识别包装上的字符是否符合标准、清晰无误，如图 4-27 所示；识别包装上图形码的条码是否光滑、线体是否存在重合或重影等问题，如图 4-28 所示。

扫码学习

图像字符智能视觉识别系统的应用案例及优点

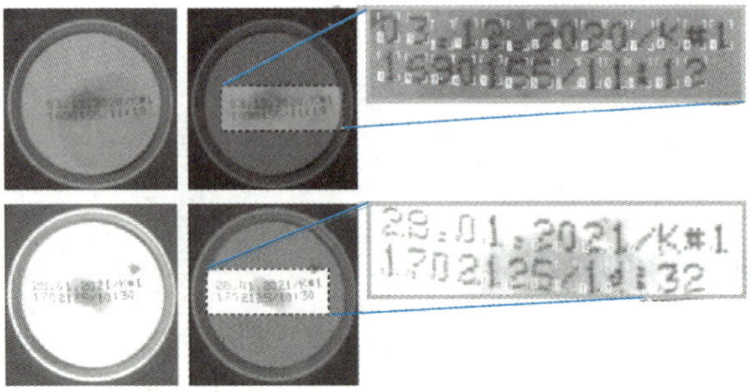

图 4-27　识别包装上的字符

图 4-28　识别包装上图形码的条码、线体

知识拓展

目前，常用的图形码有一维码和二维码两种。

（1）一维码是指由一组排列规则的条、空及对应的字符组成的图形码，主要用于记录数据符号信息。其中，条是光线反射率较低的部分，空是光线反射率较高的部分。一维码中条和空构成的图像可表示一定的信息，并能通过特定的设备读取。如图 4-29 所示为常见的一维码。

（a）UPC-A 码　（b）UPC-E 码　（c）EAN-8 码　（d）EAN-13 码

（e）EAN-14 码　（f）Code 39 码　（g）交叉 25 码　（h）INF-14 码

图 4-29　常见的一维码

（2）二维码是在一维码的基础上扩展出来的一种具有可读性的图形码。它是目前广泛应用的一种编码方式，具有信息量大、易识别等优点。目前，常用的二维码有 Data Matrix 码（见图 4-30）、QR 码（见图 4-31）等。其中，Data Matrix 码的最小尺寸是目前所有图形码中最小的，适合作为小物体的标识，广泛应用于医疗、航空、微电子等行业；QR 码不仅能快速读取，还能存储更多、更丰富的信息，目前已广泛应用于物流、移动支付等行业。

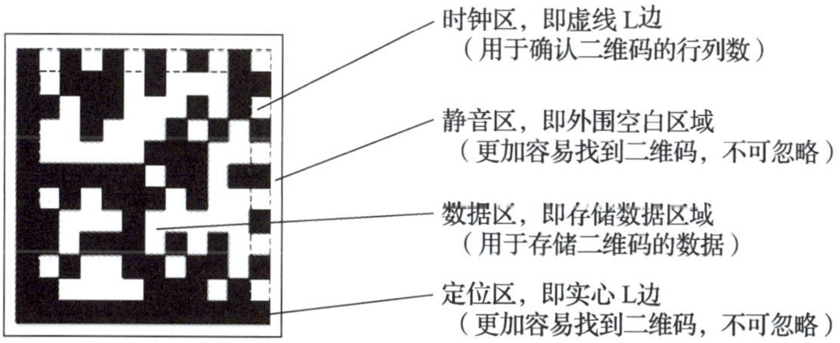

图 4-30　Data Matrix 码

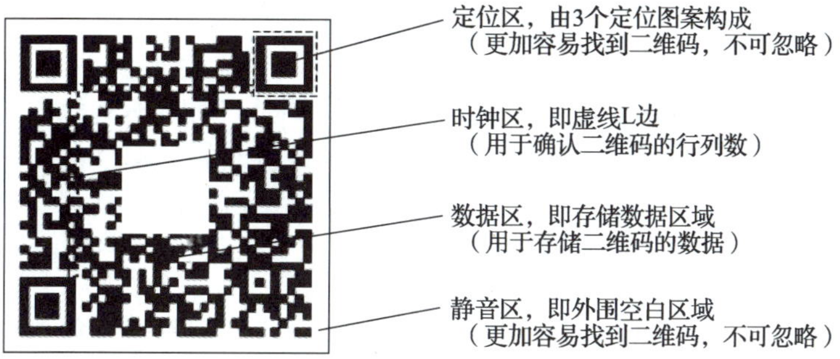

图 4-31　QR 码

实践操作——分析 PCB 编号字符智能视觉识别系统

1. 背景描述

PCB 是重要的电子元器件，被称为“电子元器件之母”。每个 PCB 都有特定的编号，用于识别其在电路中的位置和功能。若 PCB 编号（见图 4-32）与电路不匹配，则电路可能无法正常工作。因此，在 PCB 出厂前必须要对其编号进行严格的检查。

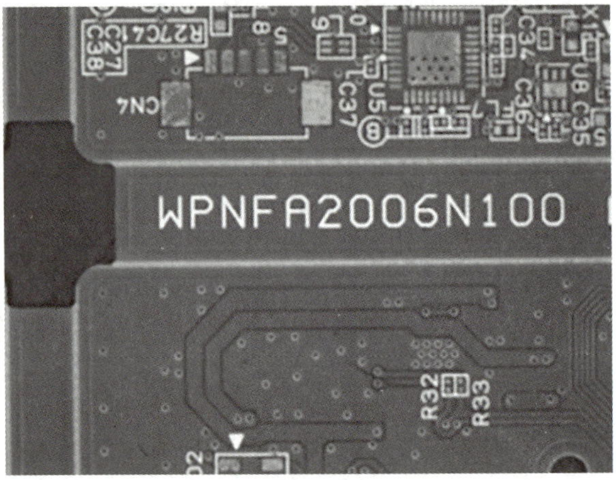

图 4-32　PCB 编号

某工厂在原有 PCB 流水线的基础上增设视觉识别工位，设计了一套 PCB 编号字符智能视觉识别系统。

2. 实施方案

1）需求描述

（1）识别项目：PCB 编号。

（2）识别精度：为保证识别的稳定性，可在宽 0.5 mm 的编号字符的字迹上分布 5 像素。

（3）识别速度：无特殊要求。

（4）快门时间：流水线的运行速度为 0.1 m/s，可采用高速抓拍的方式。

（5）通信方式：识别 PCB 编号的最终目的是将识别到的字符信息传送给上位机，因此可采用串口通信。

2）选型条件

（1）视野：本系统所要识别的 PCB 尺寸较大，但有编号字符的区域较小。为确保每次都能拍摄到 PCB，视野可设计为 150 mm×120 mm 。

（2）工作距离：85 mm。

（3）工业相机：可选择 CCD 相机 MV-EM200M，其分辨率为1600×1200，帧率为 15 f/s，曝光方式可选择帧曝光。

（4）工业镜头：可选择焦距为 4 mm 的定焦镜头 BT-118C0420MP5，其视场角为 94°×82.9°×66.5°，光圈 F＝1∶1.4。

（5）光源：可选择环形光源 CA-DRW10F。该光源可从正面打光。

（6）智能视觉控制器：型号为 SVC300。该智能视觉控制器的处理器可选择 Intel I5-7200U，其内存为 4 GB，存储空间为 128 G SSD，有 2 个 GigE 工业相机接口且可扩展，有 4 路输入、4 路输出。

3）硬件选型

本方案最终选用 200 万像素的工业相机，焦距为 4 mm 的工业镜头，配套的环形光源和智能视觉控制器。PCB 编号字符智能视觉识别系统的硬件组成如图 4-33 所示。

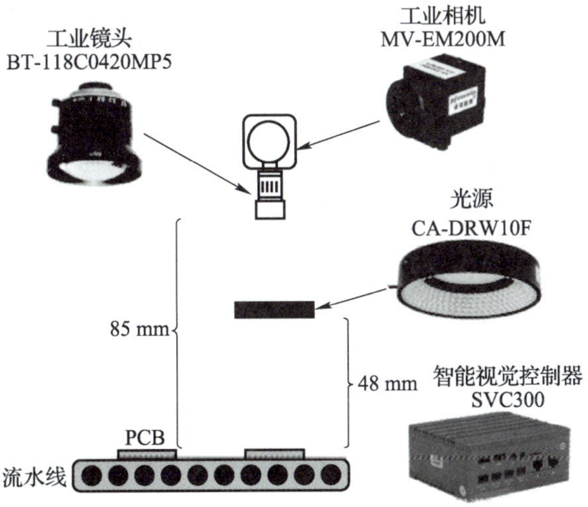

图 4-33　PCB 编号字符智能视觉识别系统的硬件组成

4）字符识别

将系统调试好以后，基于 VisionBank 对 PCB 编号进行字符识别：首先，对采集到的图像进行预处理；然后，进行特征定位，并将需要识别的字符进行字体注册；最后，对识别到的字符进行检查，以确保 PCB 编号准确无误。如图 4-34 所示为 PCB 编号字符智能视觉识别流程。

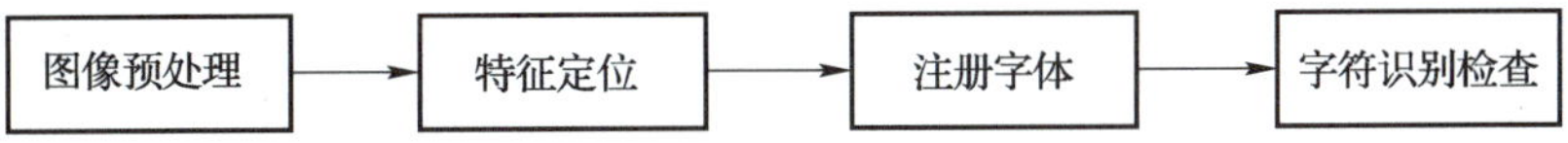

图 4-34　PCB 编号字符智能视觉识别流程

按照上述流程对 PCB 编号进行字符识别，结果如图 4-35 所示。

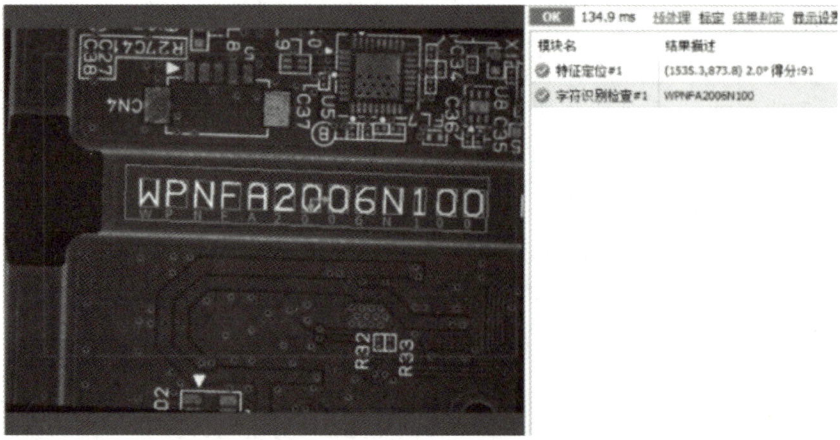

图 4-35　对 PCB 编号进行字符识别的结果

笔记

任务 4.4　应用智能视觉技术进行定位引导

任务引入

数控拧紧机通过机械臂将螺纹连接件送到指定位置后，系统不仅会自动识别螺纹连接件的规格型号，还会对螺纹孔进行识别、测量，实现了螺纹连接件的精确定位，有效解决了因螺纹孔加工缺陷而产生的紧固质量问题，提高了装配质量和效率。

无论是在缺陷检测中，还是在装配中，都会用到目标物体智能视觉定位系统。它是智能视觉技术在自动化生产中的典型应用之一。

本任务要求学生从目标物体智能视觉定位系统的原理及应用等方面掌握应用智能视觉技术进行定位引导的方法，知识与技能要求如表 4-16 所示。

表 4-16　知识与技能要求

任务内容	应用智能视觉技术进行定位引导	学习程度		
		识记	理解	应用
学习任务	目标物体智能视觉定位系统的原理		●	
	目标物体智能视觉定位系统的应用			●
实训任务	分析制动片智能视觉定位系统			●
自我勉励				

任务工单——应用智能视觉技术进行定位引导

1．任务描述

学生根据指导教师提出的任务要求并结合实际情况，在了解目标物体智能视觉定位系统的原理和应用的基础上，分析制动片智能视觉定位系统。

2．学生分组

学生以 3～5 人为一组进行分组，各小组选出组长并进行任务分工，将小组概况及分工情况填入表 4-17 中。

表 4-17　小组概况及分工情况

班级		组号		指导教师	
小组成员	姓名	学号	任务分工		
组长					
组员					

3．知识准备

引导问题 1：目标物体智能视觉定位系统的原理是什么？

引导问题 2：什么是智能搬运机器人？它可应用于哪些场合？

引导问题 3：与传统的定位引导方法相比，应用智能视觉技术进行定位引导有什么优势？

引导问题 4：目标物体智能视觉定位系统可应用于哪些行业？

4. 工具和器材准备

各小组查阅相关资料，制订工作规划，并将任务实施过程中所需的工具和器材填入表 4-18 中。

表 4-18 工具和器材清单

序号	名称	型号与规格	单位	数量	备注

5．制订方案

（1）各小组针对工作规划展开讨论，制订实施方案。

（2）指导教师对各小组的实施方案进行评价。

（3）各小组根据指导教师的评价对实施方案进行调整。

（4）调整合格后的实施方案即最终实施方案。

6．任务实施

各小组按照最终实施方案，应用智能视觉技术进行定位引导，将实施内容及完成情况填入表 4-19 中，并进行任务总结。

表 4-19　实施内容及完成情况

实施内容	完成情况

表 4-19（续）

任务总结

7. 考核评价

指导教师根据学生的任务完成情况对学生进行评价，学生配合指导教师共同完成如表 4-20 所示的任务考核评价表。

表 4-20 任务考核评价表

项目名称	评价内容	总分/分	评分/分		
			自评	互评	师评
职业素养考核项目（40%）	无迟到、无早退、无旷课	6			
	仪容仪表符合规范要求	6			
	具备较强的安全意识与责任意识	10			
	具备良好的团队合作与交流能力	6			
	具备较强的纪律执行力	6			
	保持作业现场卫生	6			
专业能力考核项目（60%）	查找专业知识及时、准确	12			
	制订方案合理	18			
	操作熟练，工作效率高	12			
	正确应用智能视觉技术进行定位引导	18			
合计		100			
总评	自评（20%）＋互评（20%）＋师评（60%）=_____	综合等级	指导教师(签名)：__________		

4.4.1　目标物体智能视觉定位系统的原理

目标物体智能视觉定位系统可对目标物体进行自动定位，并利用机械臂完成定位抓取、对位组装等任务，其原理如图 4-36 所示。

图 4-36　目标物体智能视觉定位系统的原理

首先，利用工业相机获取目标物体的图像；然后，进行搜索，确定物体位置；最后，对机械臂进行路径规划，从而引导机械臂定位目标物体。

知识拓展

智能搬运机器人是一种利用定位引导和智能动态路径规划技术对物体进行自动搬运的工业机器人，如图 4-37 所示。

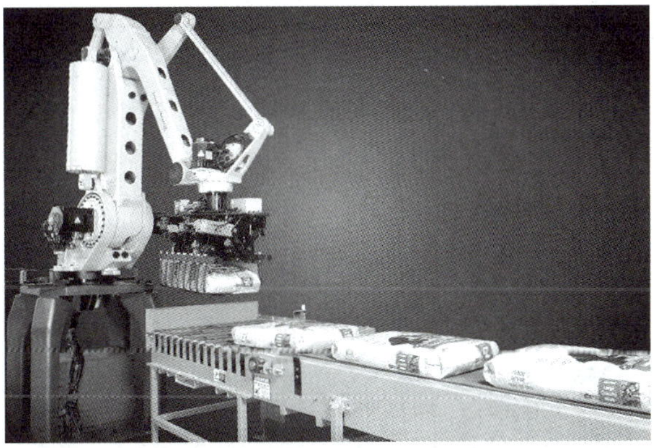

图 4-37　智能搬运机器人

智能搬运机器人在实际生产中应用范围较广，一般只需要对其进行点位控制，而对被搬运物体的运动轨迹无严格要求，仅要求起点和终点的位置准确。智能搬运机器人可完成各种物体的搬运作业，大大降低了人工成本，提高了生产效率，实现了仓储的自动化管理。

目前，智能搬运机器人已广泛应用于机床上下料、自动装配线、集装箱装运等的自动搬运场合。

4.4.2　目标物体智能视觉定位系统的应用

目前，目标物体智能视觉定位系统已广泛应用于电子、物流等行业。

1. 电子行业

随着重点领域技术的突破，我国制造业大国的地位日益稳固，制造业产值增速保持领先，手机、电视、计算机、IC 等产业的规模稳居世界前列。在电子行业，目标物体智能视觉定位系统主要应用于 PCB 的高精度定位、SMT（surface mount technology, 表面组装技术）元件放置及半导体封装。例如，在进行半导体封装时，检测设备根据系统获取的芯片位置信息来调整拾取装置，从而准确地拾取并绑定芯片，如图 4-38 所示。

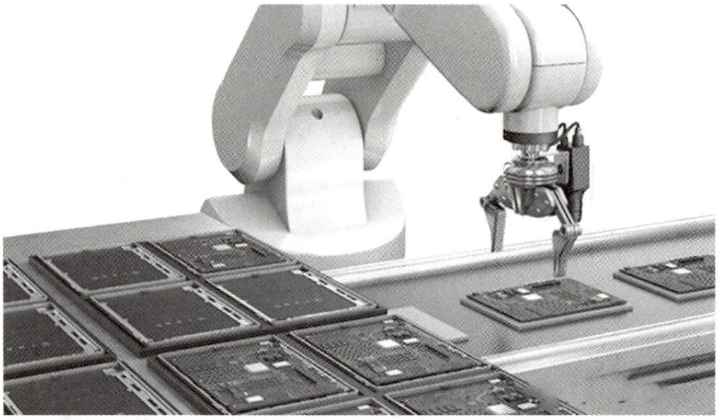

图 4-38　拾取并绑定芯片

2. 物流行业

目标物体智能视觉定位系统在物流行业有着广泛的应用，如货物定位、车辆定位、库存管理等。如图 4-39 所示为目标物体智能视觉定位系统在货物自动分拣中的应用。

图 4-39　目标物体智能视觉定位系统在货物自动分拣中的应用

货物定位是物流行业最核心的工作之一。目标物体智能视觉定位系统可在任何时间、任何地点对物流中心的货物进行实时定位和跟踪，这样可确保物流中心的运行更加高效。

车辆定位对物流管理至关重要。目标物体智能视觉定位系统可对运输车辆进行实时跟踪和监控。这种方式不仅可保证运输车辆的安全，还可帮助物流管理者更好地进行路线规划和调度。

库存管理也是重要的一环。目标物体智能视觉定位系统可对物流中心的库存进行实时监测和管理。这种方式可帮助物流管理者更好地进行库存规划和调度，从而确保仓库的最优化使用和管理。

行业资讯

为加快智能制造与农牧业深度融合，在有关政策的大力支持下，我国智慧农业建设迅速发展，农业机器人的使用也得到了推广。其中，越来越多的智慧农业采摘机器人开始投入使用。某公司还特别推出了智慧农业采摘机器人系统。该系统以自然果园环境中机器人采摘果蔬为原型，综合运用嵌入式系统、移动机器人自主导航定位、机械臂路径规划、视觉识别、传感器与控制器、云计算等技术，依托智能无人车、多轴机械臂、机械夹爪、双目摄像头、激光雷达、深度摄像头、惯导系统、无线网络、智能网关等装置实现果蔬的无人化采摘。如图 4-40 所示为基于智能视觉技术的智慧采摘。

图 4-40　基于智能视觉技术的智慧采摘

实践操作——分析制动片智能视觉定位系统

1. 背景描述

制动片是汽车制动系统的关键部件，其安装精度直接影响汽车的安全性。在采用自动化设备安装制动片前，需要通过机械臂的夹爪抓取流水线上的制动片，而制动片的形状大多是不规则的，且具有多种类型，如图 4-41 所示。

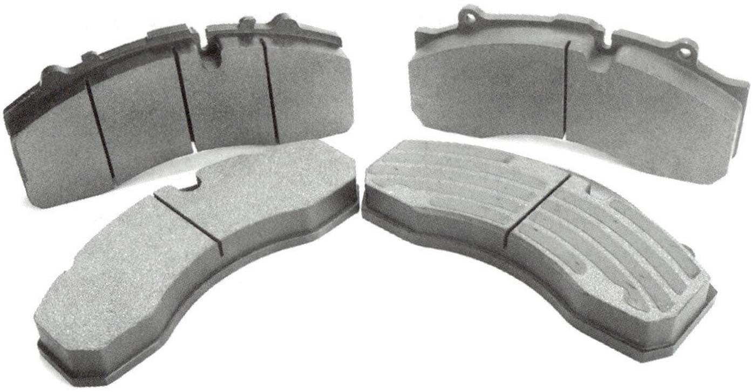

图 4-41　不同类型的制动片

为了准确地抓取流水线上的制动片，首先需要准确获取制动片的坐标及偏角，然后引导机械臂进行抓取。为此，某工厂专门设计了一套制动片智能视觉定位系统。

2. 实施方案

1）需求描述

（1）定位产品：制动片。

（2）定位精度：0.05 mm。

（3）定位速度：由于机械臂抓取制动片并将其放置到安装位置这一过程需要较长时间，因此对定位速度没有严格要求，可将定位速度设计为每秒 1 件制动片。

（4）运行速度：由于制动片在定位前需要静止以便于工业相机拍照，因此其运行速度为 0 m/s。

（5）通信方式：可采用网口通信。

2）选型条件

（1）视野：本系统所要定位的制动片长度为 54 mm，并要求制动片在宽度为 75 mm 的流水线上依次通过。为确保每次都能拍摄到制动片，视野可设计为 75 mm×56 mm 。

（2）工作距离：441 mm。

（3）工业相机：可选择 CCD 相机 MV-EM510M，其分辨率为 2 456×2 058，帧率为 15 f/s，曝光方式可选择帧曝光。

（4）工业镜头：可选择焦距为 25 mm 的定焦镜头 BT-23C2514MP5，其视场角为 16.2°×13.4°×10.3°，光圈 F＝1∶1.4 。

（5）光源：可选择条形光源 CRT-2HBL。

（6）智能视觉控制器：型号为 SVC300。该智能视觉控制器的处理器可选择 Intel I5-7200U，其内存为 4 GB，存储空间为 128 G SSD，有 2 个 GigE 工业相机接口且可扩展，有 4 路输入、4 路输出。

3）硬件选型

本方案最终选用 500 万像素的工业相机，焦距为 25 mm 的工业镜头，配套的条形光源和智能视觉控制器。制动片智能视觉定位系统的硬件组成如图 4-42 所示。

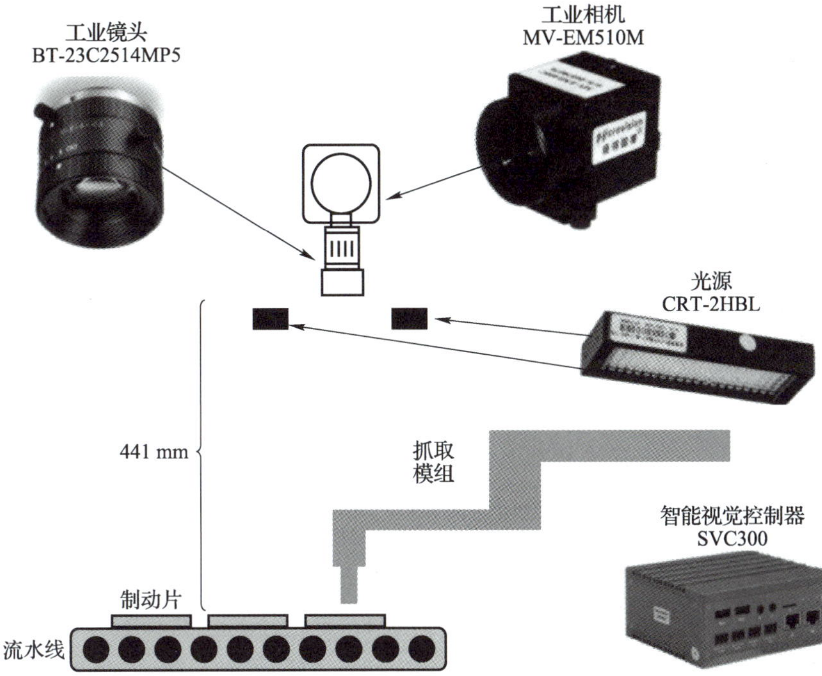

图 4-42　制动片智能视觉定位系统的硬件组成

4）定位引导

将系统调试好以后，基于 VisionBank 对制动片进行定位引导，以获取其位置坐标及偏角：首先，从参考图像中选取模板区域；然后，提取特征并构建用于定位的模板；最后，将待测图像的特征与模板特征进行匹配度计算，匹配度最高的制动片的位置坐标及偏角便是定位结果。如图 4-43 所示为制动片智能视觉定位引导流程。

图 4-43　制动片智能视觉定位引导流程

学习成果检验

1. 填空题

（1）表面缺陷智能视觉检测系统可对物体表面的缺陷进行__________。

（2）产品尺寸智能视觉测量系统主要是提取被测物体的________、________、圆心等特征点。

（3）图像字符智能视觉识别系统可对文本图像进行分析处理，获取版面信息并识别其中的字符，从而将__________转换为__________。

（4）______________是指将文本资料通过扫描、拍照等方式转换为图像，通过图像分析和字符识别，获取文字及版面信息的过程。

（5）在一维码中，条是光线反射率_______的部分，空是光线反射率_______的部分。

（6）二维码是在一维码的基础上扩展出来的一种具有__________的图形码。目前，常用的二维码有__________、__________等。

2. 选择题

（1）目标物体智能视觉定位系统主要是通过引导________来完成抓取等任务的。

A．机械臂　　B．分析控制系统

C．检测平台　　D．工业相机

（2）________主要应用于 PCB 的高精度定位、SMT 元件放置及半导体封装。

A．表面缺陷智能视觉检测系统

B．产品尺寸智能视觉测量系统

C．图像字符智能视觉识别系统

D．目标物体智能视觉定位系统

3. 简答题

（1）简述表面缺陷智能视觉检测系统在电子行业的应用。

（2）根据所学知识，列举智能视觉技术的应用场景。

学习成果评价

指导教师根据学生的项目学习成果对其进行评价，学生配合指导教师共同完成如表 4-21 所示的学习成果评价表。

表 4-21　学习成果评价表

班级		组号		日期	
姓名		学号		指导教师	
项目名称	智能视觉技术的应用				
评价项目	评价内容	评价方式	满分/分	评分/分	
知识（40%）	表面缺陷智能视觉检测系统的原理	理论测试	4		
	表面缺陷智能视觉检测系统的应用		6		
	产品尺寸智能视觉测量系统的原理		4		
	产品尺寸智能视觉测量系统的应用		6		
	图像字符智能视觉识别系统的原理		4		
	图像字符智能视觉识别系统的应用		6		
	目标物体智能视觉定位系统的原理		4		
	目标物体智能视觉定位系统的应用		6		
技能（40%）	分析手机壳缺陷智能视觉检测系统	实践操作	10		
	分析轴承尺寸智能视觉测量系统		10		
	分析 PCB 编号字符智能视觉识别系统		10		
	分析制动片智能视觉定位系统		10		
素养（20%）	积极参加教学活动，主动学习、思考、讨论	综合评判	4		
	认真负责，按时完成学习、实践任务		4		
	团结协作，与组员之间密切配合		4		
	服从指挥，遵守课堂和实训室纪律		4		
	守正创新，自信自强		4		
合计			100		
自我评价					
指导教师评价					

参考文献

[1] 朱光明，冯明涛，王波. 智能视觉技术及应用 [M]. 西安：西安电子科技大学出版社，2021.

[2] 宋春华. 机器视觉 [M]. 北京：化学工业出版社，2022.

[3] 李新，王璐欢. 智能视觉技术应用初级教程 [M]. 哈尔滨：哈尔滨工业大学出版社，2020.

[4] 刘韬，张苏新. 机器视觉及其应用技术 [M]. 北京：机械工业出版社，2022.

[5] 孙学宏，张文聪，唐冬冬. 机器视觉技术及应用 [M]. 北京：机械工业出版社，2021.

[6] 丁少华，李雄军，周天强. 机器视觉技术与应用实战 [M]. 北京：人民邮电出版社，2021.